KB021211

나는 날마다 우주여행을 한다

# 나는 날마다 우주여행을 한다

조재성 지음

별

지구가 돌고 돌아 오늘도 변함없이 아침이 왔다. 정말 신기해, 지구!

무수히 많은 별이 빛나는 까만 우주 공간을 배경으로 푸른 빛을 띤 채 서 있는 행성 지구는 75억 인류와 동식물을 태우고, 엄청난 물을 등에 이고 지고 지구 밖으로 한 방울도 쏟지 않으면서 우주 공간을 1초에 30킬로미터, 1시간에 11만 킬로미터에 육박하는 무서운 속도로 질주하며 태양을 공전한다. 총알보다 무려 60여 배나 빠른 속도다.

이처럼 빠르게 우주 공간을 질주하면서 남극과 북극을 꿰뚫는 축을 중심으로 회전하는 지구는 적도 지방 기준으로 1초당 460미터, 1시간당 1670킬로미터로 여객기보다 훨씬 빠르고 총알과 비슷한 속도로 돌고 있다. 팽이처럼 빙빙 돌면서 하늘을 무지하게 빨리 날아가는 커다란 공 모양새다. 그런데도 우리의 머리카락은 한 올도 휘날리지 않으며, 롤링, 요, 피칭 등 진동도 없는 지구는 기가 막히게 거대하고 위대한 우주선과도

같다.

　지구는 늘 변함없고 성실하게 흐트러짐 없이 하루에 한 바퀴씩 자전하고, 일 년에 한 번 태양 주위를 공전한다. 지구 나이가 대략 46억 년이니 태양 주위는 46억 바퀴를 돈 것이고, 자전 횟수는 대략 1조 7000억 회다. 그런데 이처럼 놀랍고 대단한 지구가 온난화와 환경 파괴로 요즘 들어 너무 힘들어한다. 지구의 아픔은 고스란히 우리가 감당해야 할 몫으로 남는다. 두어 달 동안 맑은 하늘을 보여주지 않고 비가 내리기도 하고, 혹독한 한파가 찾아오기도 하는 지구에서 우리는 어떻게 해야 할까?

　어려서부터 지금까지 보고 싶은 별 실컷 보았고, 좋아하는 하늘도 실컷 구경하고 날아다니는 내 삶까지야 큰 문제가 없겠지만 우리 자식 세대나 그 이후가 문제다. 기후나 환경이 변하면 인류도 거기에 맞게 적응하고 진화하리라 막연히 생각했지만 변화의 속도는 이미 우리의 일반적인 사고의 속도를 추월한 듯하다.

　어떡해야 하나? 작은 것이라도, 무엇이라도 실천해야겠다. 모든 것이 복잡하게 얽혀 있으니.

　우리가 살아가는 지구가 속한 우주라는 사회를 소개하는 것에서부터 시작해봐야겠다.

　거대한 우리은하계 내 생존 가능 구역(Galactic Habitable Zone)

에서 아슬아슬하게 태어난 태양계. 또 금성처럼 펄펄 끓지도 않고, 해왕성처럼 꽝꽝 얼지도 않는 태양계 내 생존 가능 구역(Planetary Habitable Zone)에서 절묘하게 탄생하여 태양이 어마어마하게 쏟아내는, 인류를 한순간에 절멸시킬 수 있는 고에너지의 흐름을 힘겹게 방어하며 인류를 키워온 소중한 지구. 이곳이 138억 년 우주의 시간에서 아직은 우리가 알고 있는 유일한 고등 생명체 거주 행성이다.

그런데 출현한 지 겨우 400만 년밖에 안 된 인류는 최근 300여 년 동안 눈부시게 발전해온 과학 기술로 인해 지구 자원을 어마어마하게 당겨 써 소비했고, 그 결과 환경의 균형이 무너지는 시간이 빨리 찾아왔다. 너무 편하다 못해 넘쳐나는 물질의 풍요와 안락함 속에서 우리 자신도 알지도 못하는 사이에 지구를 병들어가게 한 것이다. 어차피 그냥 둬도 50억 년이 지나면 크게 팽창하는 태양이 지구를 덮치고, 그 결과 지구는 펄펄 끓다 못해 녹아 증발하는 최후를 맞게 된다. 그때까지 지구라는 행성에서 태어난 사람이라는 '종'이 존재할지는 모르겠다. 아마도 머나먼 다른 별에 딸린 지구를 닮은 행성에 새 거주지를 차리고 살아가고 있지 않을까. 먼 훗일은 먼 후손들이 충분히 알아서 할 수 있으니 맡겨두고 우리는 당장 가까운 자식 세대와 후배 세대들이 건강하게 살 수 있도록 지구를 좀 살펴보자.

자, 우리 모두는 총알보다 빠른 지구 호를 타고 삶이 다하는 순간까지 우주여행 중이니 기왕이면 행복한 여행을 하다 잘 물려주고 가자.

※ 이 책은 필자가 별과 하늘을 따라 구불구불 걸어온, 또 지금도 걷고 있는 일상의 이야기를 통해 별 꿈을 공유하고 친환경우주여행도 이루어보고 싶은 마음을 담은 수필이다.

# 목차

별은 무엇이고 어떻게 빛나는지,
지구와 같은 행성은 무엇인지,
별들의 국가인 은하계와 더 큰 우주의 모습은
어떤지 살펴보는 짧은 우주여행을 떠나보자.

# 우주,
# 도대체 뭐지?

사람들이 하늘이나 별을 바라볼 때 왠지 모르게 친숙함을 느낀다고 생각하는 것은 나만의 추측일까? 인간을 포함한 모든 생명체의 근본을 이루는 물질은 별의 내부에서 생성되었으니, 우리는 별의 자손이다. 그러기에 밤하늘이나 별을 바라보면 마음이 포근해지고 향수를 느끼는 것이리라.

인류의 고향 우주는 어떤 모양인지, 어떠한 사회 구조를 이루고 있는지 살펴보자. 또 별은 무엇이고 어떻게 빛나는지, 지구와 같은 행성은 무엇인지, 별들의 국가인 은하계와 더 큰 우주의 모습은 어떤지 살펴보는 짧은 우주여행을 떠나보자.

10여 분간의 이 여행만 무사히 마친다면 우리가 태어나고 살다 가는 우주 사회를 조금이라도 이해하고 더 즐겁게 영위해나가리라.

# 우주 구조

말 그대로 우주는 매우 거대하기에 인간의 직관으로 그 크기를 상상하거나 짐작하는 것이 불가능하다. 우주는 가장 작은 입자에서부터 지구와 태양, 수많은 은하 등 존재하는 모든 에너지와 물질을 내포한 거대한 시공간이다. 138억 년 전 초고밀도의 특이점에서 대폭발(빅뱅)로 탄생한 우주는 현재도 계속 팽창하며 커지고 있다.

현재 우주의 형태와 집합 관계를 살펴보자. 75억 인류와 수많은 동식물의 고향, 지구. 지구라는 행성은 지구보다 덩치가 130만 배나 큰 '해'(태양)라고 불리는 별(항성)을 중심으로 공전하는 태양계에 속한 여덟 개의 행성 중 하나며, 태양계는 큰 태양과 같은 별이 4000억 개 이상 모여 있는 우리은하 또는 은하수 은하라 불리는 어마어마하게 큰 천체의 집단에 속해 있다.

또 우리은하는 크고 작은 30여 개의 은하로 구성된 '국부은하군'의 구성원이며, 국부은하군은 더 큰 은하 집단인 라니아케아 초은하단 소속이다. 이런 은하 수천억 개가 서로 엄청나게 떨어진 거리에서 각자 자리하고, 또 운동하고 있는 것이 우주다.

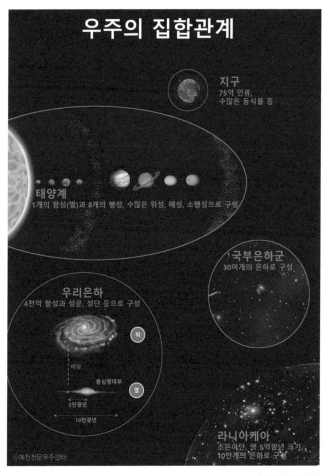

# 우주의 집합관계

**지구**
75억 인류,
수많은 동식물 등

**태양계**
1개의 항성(별)과 8개의 행성, 수많은 위성, 혜성, 소행성으로 구성

**국부은하군**
30여개의 은하로 구성

**우리은하**
4천억 항성과 성운, 성단 등으로 구성

위

태양

중심팽대부

열

3만광년

10만광년

**라니아케아**
초은하단, 약 5억광년 크기,
10만개의 은하로 구성

©예천천문우주센터

**우주의 집합 관계.**
지구는 태양계. 태양계는 우리은하. 우리은하는 국부은하군.
국부은하군은 라니아케아 초은하단 소속 등의 단계 구조를 이룬다.

# 별

    지구에서 가장 가까운 별(항성)은 태양이며, 그 덩치는 지구보다 130만배나 크다. 밤하늘에서 육안으로 볼 수 있는 행성인 수성, 금성, 화성, 목성, 토성을 제외한 별(항성)은 모두 지구보다 최소 수십만 배 이상 큰 '스'스로 '타'며 열과 빛을 내는 천체다. 말 그대로 '스타'다.

    그런데 왜 빛을 발하는 작은 점으로 보일까? 아주 멀리 있어서 그렇다. 지구에서 가장 가까운 별인 태양조차 지구에서 1억 5000만 킬로미터 떨어져 있어 작은 동전 만한 원반 형태로 보이며, 태양이 지구에서 점점 멀어진다면 점점 더 작게 보이다 어느 순간 우리 눈에서 사라지기 직전 하늘에서 빛나는 점, 즉 별로 보일 것이다.

    현재 태양에서 가장 가까운 다음 별은 약 40조 킬로미터나 떨어져 있으며, 시속 100킬로미터로 달리는 자동차를 타도 4500만 년이나 걸리는 어마어마한 거리에 위치해 하늘에서 빛나는 점으로 보인다.

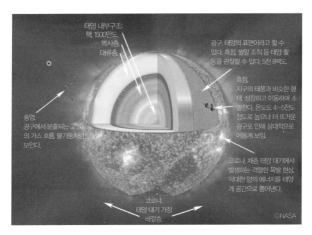

태양 내부구조:
핵, 1500만도.
복사층.
대류층.

광구. 태양의 표면이라고 할 수 있다. 흑점, 쌀알 조직 등 태양 활동을 관찰할 수 있다. 5천 8백도.

흑점
지구의 태풍과 비슷한 형태. 성장하고 이동하며 소멸한다. 온도는 4~5천도 정도로 높으나 더 뜨거운 광구로 인해 상대적으로 어둡게 보임.

홍염
광구에서 분출되는 고밀도의 가스 흐름. 불기둥처럼 보인다.

코로나. 채층. 태양 대기에서 발생하는 격렬한 폭발 현상. 막대한 양의 에너지를 태양계 공간으로 뿜어낸다.

코로나.
태양 대기 가장 바깥층.

©NASA

태양의 내부 구조

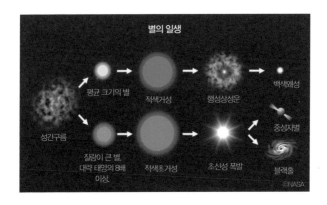

별의 일생

평균 크기의 별

적색거성

행성상성운

백색왜성

성간구름

질량이 큰 별. 대략 태양의 8배 이상.

적색초거성

초신성 폭발

중성자별

블랙홀

©NASA

19

별도 사람과 마찬가지로 탄생하고 성장하고 나이 들어 죽음을 맞이한다. 덩치가 작은 별은 상대적으로 덜 뜨겁고 붉은색으로 빛나며 오랜 시간을 산다. 덩치가 큰 별은 뜨겁고 청색이나 흰색으로 빛나며 상대적으로 짧은 시간을 살다 간다. 평균적 별인 태양의 표면 온도는 약 섭씨 5800도, 수명은 100억 년이며 현재 약 46억 년을 살았다.

　별은 주로 수소와 헬륨 등의 가스가 단단히 뭉쳐 이루어져 있으며, 일생 중 많은 기간을 중심에서 수소를 쉬지 않고 태운다. 한마디로 별은 마치 수소 폭탄이 계속 터지는 것처럼 핵융합 반응을 통해 엄청난 열과 빛을 내는 천체다. 우리의 별, 태양의 중심부 온도는 1500만 도에 달한다.

　별은 수소를 태워 헬륨을 만들고 헬륨을 태워 탄소와 철 등의 점점 무거운 물질을 만들어 축적하다 나이 들어 생을 마감할 때는 행성상성운이나 초신성 폭발 등 여러 방식으로 그 물질을 되돌려 보낸다. 훗날 이 물질들이 다른 가스와 물질들과 만나 또 다른 별의 모태인 성운을 이루고 그 속에서 많은 별이 다시 탄생하는 선순환 구조를 이룬다.

# 행성

행성은 별을 중심축으로 공전하는 천체를 뜻하며 다닐 '행' 자를 써서 행성(行星)이라 한다. 일반적으로 행성은 별보다 훨씬 작다. 75억 인류가 살아가는 행성 지구를 태양 속에 넣으면 약 130만 개가 들어갈 정도다.

태양계 생성 당시 별이 되는 중심 수축 외 지역의 물질들이 모여 행성계를 이룬다. 우리가 살아가는 태양계에는 수성, 금성, 지구, 화성, 목성, 토성, 천왕성, 해왕성이라는 여덟 개의 행성이 존재한다. 지구는 태양에서 1억 5000만 킬로미터, 제일 끝에 위치한 해왕성은 태양과 46억 킬로미터 떨어져 있다.

명왕성은 2003년 새로운 행성 분류법에 의해 왜소행성으로 분류되었다. 화성과 목성 사이의 소행성대에 위치한 세레스와 해왕성 바깥의 카이퍼대에 위치한 명왕성과 제나가 대표적인 왜소행성이다.

소행성의 크기는 천차만별이다. 작게는 돌이나 쇳조각처럼 자그마하고, 크게는 지름이 수백 킬로미터에 달하는 것도 있

태양계 구조도.

다. 화성과 목성 사이의 소행성대에는 지름 1킬로미터 이상의 소행성 백여만 개가 존재하는 것으로 추정한다.

태양계 외 많은 별은 행성계를 거느리고 있으며 간간이 언론에 외계 행성을 찾았다는 뉴스가 나오기도 한다. 일단 행성이 있어야 우주인이든 우주 생명체가 존재할 터이니 외계 행성 찾기는 중력 렌즈, 도플러 효과, 식현상 관측을 통해 꾸준히 진행되고 있다. 현재 4000여 개의 외계 행성이 확정되었고 수천 개의 후보가 발견된 상태다.

# 달(위성)

달은 행성 주위를 공전하는 천체를 표현하며 위성이라고도 부른다. 행성의 인력에 붙잡힌 소행성 부류와 모행성이 생성되는 시점에 가스 원반에서 자체 성장한 부류가 있다.

지구의 달은 지구 생성 초기 작은 행성급 천체가 지구와 충돌해 깨어진 뒤 다시 합체되면서 지구 성분과 충돌한 행성의 성분이 혼합된 물질로 이루어져 있다. 달을 망원경으로 관찰하면 구덩이 모양의 충돌 분화구, 용암이 흘렀던 바다, 산맥과 계곡 등과 같은 다양한 지형을 발견할 수 있다.

수성과 금성은 달이 없고 지구는 한 개, 화성은 두 개, 목성과 토성은 80여 개, 천왕성은 27개, 해왕성은 14개가 있다. 태양계가 아닌 다른 행성계도 역시 같은 구조를 이루고 있으리라.

지구의 천연 위성, 달.

천왕성의 달과 고리.

# 혜성과
# 별똥별

혜성은 꼬리가 달린 천체로 본다. 200년 이하의 주기로 나타나는 단주기 혜성과, 그 이상의 장주기 혜성으로 분류할 수 있으며 한 번 오고 다시는 돌아오지 않는 것과 태양이나 행성으로 빨려들어 가 최후를 맞이하는 혜성도 있다.

단주기 혜성은 해왕성 바깥의 카이퍼대에서 주로 오며, 장주기 혜성은 태양계 바깥 경계 오르트 구름대에서 오는 것으로 알려져 있다. 혜성이 주기성도 갖는다는 사실을 알게 해준 사람은 영국의 천문학자 핼리며 그의 이름을 딴 핼리 혜성이 76년을 주기로 여전히 태양계를 여행하고 있다.

혜성의 꼬리는 없다가 생기며 점점 길어지다 어느 순간 짧아져 다시 사라진다. 이는 더러운 먼지와 암석 등이 단단하게 뭉쳐진 눈덩이와 같은 혜성이 태양의 인력에 이끌려 태양으로 다가가며 표면 물질이 녹으면서 생기는 현상이다. 다시 말해 태양풍과 태양 빛에 의한 압력인 태양 광압에 의해 녹아내린 혜성의 구성 물질이 뒤로 날리는 것이다. 태양에 가까이 갈수

록 길어진 꼬리는 태양을 지나 멀어지며 온도가 떨어져 다시 줄어들다 사라진다. 지름 약 16킬로미터의 핼리 혜성체가 만들어내는 꼬리의 길이는 수천만 킬로미터에 이른다.

혜성이 흘리고 간 물질 층을 지구가 통과할 때 별똥별(유성)이 많이 보인다. 이를 유성우라고 한다. 대부분의 별똥별은 태양계 공간을 달리던 혜성이 흘리고 간 티끌이 지구 대기권으로 진입하는 현상이다. 연간 유성우의 수는 112개나 된다. 1초 정도 하늘에서 빛줄기를 그리며 사라지는 별똥별의 평균 크기는 1밀리미터, 질량은 0.25그램에 불과하다. 이렇게 작은 유성체가 초속 12~72킬로미터의 속도로 지구 대기권을 통과하면서 순간적으로 타오르기 때문에 밤하늘에 밝게 빛난다. 이따금 큰 유성은 대기권에서 다 타지 않고 지구에 떨어진다. 이를 운석(隕石)이라 한다.

하루에 지구에 떨어지는 운석의 양은 평균 3톤에 달한다. 이따금 집이나 차, 동물, 사람이 맞기도 한다. 또한 소행성급 운석과 충돌하면 엄청난 양의 충격파와 해일 등으로 직접적인 피해가 생기고, 어마어마한 먼지가 지구 대기권에 퍼지면서 햇빛을 차단하는 핵겨울 현상이 찾아온다. 과거 공룡 등 생명체 70퍼센트가 절멸한 백악기 시대의 10킬로미터급 운석 충돌의 악몽을 맞이할 수도 있는 것이다.

하지만 이제는 지구와 충돌할 가능성이 있는 천체를 감시

꼬리를 길게 늘어뜨린 혜성

2020년 하늘에 나타난 니오와이즈 혜성

하는 시스템이 구축되어 절멸 사태는 피할 수 있으니 너무 걱정 말자. 단지 엄청난 피해는 아니라도 국지성 피해를 줄 수 있는 작은 소행성 등은 여전히 관찰하기가 어렵다.

이렇게 태양이라는 하나의 별과 여덟 개의 행성, 위성, 수많은 소행성, 혜성체 등으로 이루어진 천체의 집단이 태양계다. 태양계는 드넓은 우주에서 우리가 살아가는 동네이자 마당인 것이다.

# 성운(星雲)

성운은 우주 공간에 모여 있는 가스와 먼지 등으로 이루어진 거대한 구름이다. 성운은 별이 탄생하는 지역이기도 하고 별이 죽어가며 자신이 소유했던 가스와 물질을 우주 공간으로 내보내며 생긴다. 큰 별은 초신성 폭발이라는 격렬한 형태로, 작은 별은 망원경으로 보면 행성이나 원반 같은 행성상성운의 형태로 관측된다.

겨울철의 대표적인 별자리 오리온자리에는 오리온성운(M42, M43)이 희미하게 육안으로 보이며, 이 지역은 갓 탄생한 별이 모여 있는 지역이다. 이렇게 한 성운에서 탄생한 대부분의 별이 성장하여 서서히 흩어져 독립하면서 홑별이 된다.

황소자리에 있는 게성운(M1)은 많은 기록이 남은 1054년 큰 별이 폭발했던 사건으로 인해 생긴 초신성 잔해다. 이 성운의 중심부에는 등대처럼 주기적으로 신호를 보내는 '펄사'라는 천체가 있으며 중성자별로 추정한다. 폭발의 여파로 게성운은 아직도 초속 1500킬로미터의 빠른 속도로 퍼져 나가고 있다.

오리온성운. 스타 탄생 지역.

게성운. 1054년 초신성 폭발로 생을 마감한 별의 잔해.

# 성단(星團)

성단은 별이 밀집된 지역이다. 별이 둥글게 뭉쳐진 지역은 구상성단, 불규칙적이면 산개성단이라 한다. 구상성단을 이루는 별은 주로 나이가 많은 우주 생성 초기의 별로 추정하며 은하의 주변에 존재한다. 우리은하 주변에서는 160여 개의 구상성단이 발견되었다. 육안으로 확인하기에는 어둡고 쌍안경이 있다면 관찰할 수 있다.

산개성단은 나이가 수십억 년을 넘는 구상성단에 비해 상대적으로 어린(수억 년 이하) 별들로 구성되어 있으며 특정한 모양이 없다. 우주 공간에 떠 있는 거대 분자 구름에서 별이 동시다발적으로 탄생하며 산개성단을 이룬다. 산개성단을 이룬 별들은 회전하는 은하에 의한 중력의 영향이나 초신성 폭발 등의 여파로 안정 상태가 깨지며 홑별 등으로 독립해나간다.

가을철에 잘 보이는 황소자리가 품고 있는 플레이아데스, 히아데스성단 등이 육안으로 관찰 가능한 산개성단이며 우리은하에서는 대략 1100여 개가 관찰되었다.

헤라클레스자리 구상성단 M13.

황소자리 산개성단 플레이아데스 M45.

# 은하

　은하는 천체 집단 중 가장 규모가 크다. 별들의 국가라고도 할 수 있을 것이다. 우주에는 크고 작은 약 1100억 개의 은하가 존재한다. 우리가 사는 우리은하를 예로 들면 태양과 같은 항성이 대략 4000억 개 존재하는 것으로 추정하며, 성운, 성단은 물론 작은 위성 은하 등을 거느리고 있다. 하나의 항성계인 태양계는 행성, 위성과 혜성체 등 태양 주위를 공전하는 모든 천체를 이끌고 은하 중심을 축으로 초속 220킬로미터의 속도로 달려 약 2억 3000만 년에 한 번씩 공전한다. 은하의 모든 천체는 은하 중심을 돌고 있는 것이다. 돌고 도는 세상이니 정신 바짝 차리자!

　회전하는 바람개비 모양으로 생긴 우리은하의 지름은 약 10만 광년이다. 광년은 1초에 30만 킬로미터를 달리는 빛이 1년간 가는 거리를 나타내는 거리의 단위며, 우리은하의 지름은 약 10조 킬로미터에 달한다. 이렇게 빠른 빛이 10만 년을 달려야 은하의 한쪽 끝에서 다른 쪽 끝까지 갈 수 있으니 우

우리은하의 모습.
태양계는 그 평면에 속해 있어 앞뒤로 가득한 별의 띠가 보인다.
이것이 은하수의 정체.

처녀자리 은하단.

리은하는 어마어마하게 큰 천체다. 밤하늘을 가로지르는 띠처럼 보이는 은하수는 우리은하의 얇은 옆면밖에 바라볼 수 없는 지구의 위치에 기인한다.

우리은하 외에 유명한 은하는 안드로메다 은하며 우리은하보다 더 크다. 우리은하와 안드로메다 은하는 서로의 인력으로 끌어당기고 있어 약 30억 년 뒤 충돌할 운명이다.

이런 은하 역시 더 큰 집단인 은하군, 은하단, 초은하단 등 거대한 우주 구조의 필라멘트 형태로 이루어져 있다. 이렇게 거대하고 복잡한 구조로 이루어져 생로병사가 순환되는 것이 우주 사회다.

# 2장

좀 더 재미나는
우주

달의 토끼를 살펴보면
얼굴도, 몸도 게다가 방아도 둥글둥글한 모양임을
느낄 수 있다. 물도, 공기도 지질 활동도 없는
죽은 천체인 달에 비해 지구는 풍화 작용과 지질 활동으로
충돌 분화구가 다 사라지고 비교적 최근에 생성된
200여 개만 남았다.

# 별의
# 생로병사

하늘에서 눈부시게 빛나는 태양은 75억 인류와 수많은 동식물이 살아가는 지구보다 덩치(부피)가 무려 130만 배나 크다. 이렇게 커다란 태양이 손톱만치 작아 보이는 이유는 1억 5000만 킬로미터 멀리 떨어져 있기 때문이다. 이 태양을 더 멀리 멀리 갖다 놓으면 점점 더 작아지다가 밤하늘의 별이 된다. 밤하늘에 보이는 작은 별들이 실상은 지구보다 덩치가 훨씬 큰 천체인 것이다.

끊임없이 뜨고 지는 밤하늘의 별은 영원불멸해 보인다. 그러나 별도 탄생하고 성장하고 나이 들어 결국에는 죽는다. 우주 공간에 있는 성간구름에서 탄생해 짧게는 수백만 년, 길게는 수백, 수천억 년에 걸쳐 살다 마침내 생을 마치게 되는 것이다.

새로운 별은 머나먼 별과 별 사이에 분포되어 있는 차갑고 어두운 가스와 먼지로 이루어진 거대한 성간구름 속에서 탄생한다. 거대한 성간구름은 외부 요인이 없으면 그 자체로 큰 변화 없이 존재한다. 하지만 회전하는 은하의 나선팔이나 성간구름 주변의 죽어가는 큰 별의 폭발(초신성)로 발생한 충격파나 새로이 탄생한 별의 세찬 항성풍을 만나 평형 상태를 잃고 응축하며 온도가 상승하여 원시별로 진화한다.

원시별이 주변 물질을 끌어내고 뿜어내는 가운데 더욱더 온도가 상승해 중심부의 온도가 수백만 도에 이르게 되면 중심에서 수소가 타기(수소 핵융합 반응) 시작하는 순간이 온다. 바로 새로운 스타 탄생이다.

이렇게 탄생한 별은 자신이 품고 있는 수소를 태우며 열과 빛을 내며 진정한 별로 한평생을 살아간다. 수소를 다 태운 별은 덩치에 따라 헬륨 등을 태우며 중심부에 탄소, 마그네슘, 철 등 중원소의 층을 만들어가면서 서서히 생을 마감할 준비를 한다. 덩치가 큰 별은 생의 시간도 짧지만 죽음도 격렬해 커다란 폭발(초신성)로 자신의 물질을 우주 공간으로 되돌려 보낸다. 반면 태양처럼 작고 평범한 별은 상대적으로 조용히 자신의 물질을 우주 공간으로 뿜어내 천체망원경으로 관찰하면 행성처럼 둥글게 보이는 '행성상성운' 단계를 거친다. 우주로 환원된 별의 물질이 모여 또 다른 별과 별의 주변을 공전하는 지구와 같은 행성의 재료가 된다.

별 탄생 영역인 오리온성운. 중심에 보이는 네 개의 신생 별 집단처럼 별은 홀로 탄생하지 않고 성간구름 속에서 여럿이 생겨난다. 그 후 사람이 성장하여 부모로부터 독립하듯 별도 제자리를 찾아나선다. 오늘 우리가 보는 태양도 마찬가지다.

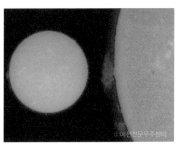

중심에서 수소를 태우며 막대한 열과 빛을 내는 태양.

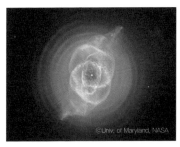

우주 공간에 떠 있는 고양이 눈. 고양이 눈과 닮아 '캣츠 아이'로 불리는 이 행성상성운 NGC6543은 지구에서 약 3000광년 떨어져 있으며, 쌍둥이별(쌍성)에서 발생된 복잡한 행성상성운으로 알려져 있다.

창조의 기둥. 허블우주망원경이 촬영한 독수리 성운. 가장 긴 좌측의 기둥은 4광년에 달한다.

# 하늘에서 따 온
# 도넛 드세요

하늘에는 언제나 크고 작은 수많은 별이 만드는 아름다운 세상이 펼쳐져 있다. 며칠 전 저녁 하늘에서 도넛 하나를 따왔다. 천체망원경을 통해 둥그스름하게 보이는 '행성상성운'(行星想星雲, planetary nebula)을 촬영한 것이다. 행성상성운은 1781년 망원경으로 천왕성을 발견한 윌리엄 허셜이 지은 이름이다. 천왕성을 망원경으로 보았을 때처럼 둥그스름하고 희뿌연 모습을 띠었기 때문이다. 1790년 허셜은 이런 모습의 천체는 그 중심 부근의 별과 연관된 성운 물질(가스와 먼지)이 만들어내는 것이라는 사실을 인식했다.

행성상성운은 태양과 질량이 비슷한(대략 태양 질량의 네 배까지) 작은 별의 생애 중 마지막 단계에서 나타나는 현상이다. 별(항성)도 거대한 가스와 먼지의 구름(성간구름) 속에서 태어나 성장하고 죽어가는 거대하고 단단하게 뭉쳐진 가스체다.

그렇다면 행성상성운은 어떻게 생겨나는 것일까? 성간구름의 수축에 의해 열과 빛을 내는 원시성 단계를 벗어나 중심

별나라에 떠 있는 도넛 중심의 작은 별이 탄소와 산소로 이루어진 백색왜성

부에서 수소 폭탄이 터지는 듯한 수소 핵융합 반응에 의해 막대한 열과 빛을 내는 별을 '주계열 별'이라고 한다. 자신의 일생에서 가장 오랜 시간을 보내는 이 단계를 거쳐 수소 연료가 고갈되면, 작은 별은 점점 덩치가 커지면서 바깥 가스층이 외부로 퍼져나간다. 이때 표면 온도가 10만 도에 이르는 탄소와 산소로 이루어진 지구만 한 크기의 뜨거운 고밀도 핵(백색왜성)에서 방출되는 자외선의 영향으로 빛을 발하는 것이 바로 행성상성운이다.

밤하늘에서 관측할 수 있는 행성상성운은 약 1100개 정도에 불과하다. 물론 2~5만 개에 이르는 많은 행성상성운이 있

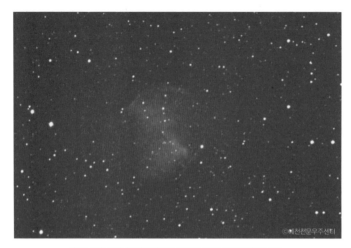

M27 아령 성운. 한밤의 체조에 사용할 아령 모양의 행성상성운.

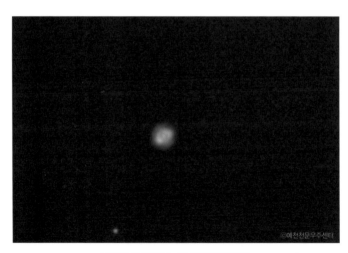

NGC6543. 고양이 눈 형상을 한 행성상성운.

을 것으로 추정하지만 은하수 건너편이나 우주 공간에 떠 있는 성간구름 등에 가려져 관측이 불가능하다. 태양계가 속해 있는 은하수 은하에 태양과 같은 별이 약 4000억 개에 이른다고 하니 생을 정리하는 별도 당연히 많을 것이다.

그러나 방출된 가스가 점점 퍼져나가면서 밀도는 낮아지고 뜨거운 중심 핵(백색왜성)에서 멀어지면 생성된 지 5만 년 정도 된 행성상성운은 엷어져서 더 이상 관찰이 어렵다. 우리은하에 존재하는 별의 수에 비해 상대적으로 행성상성운이 그리 많지 않은 이유가 여기에 있다.

©예천천문우주센터

NGC7009. 고리 행성인 토성의 모습과 비슷한 행성상성운.

퍼져나가는 행성상성운에는 수소뿐 아니라 탄소, 질소, 산소 등의 중원소가 포함되어 있다. 별의 내부에서 생성된 물질은 훗날 새로운 별이나 행성의 재료가 될 수도 있고 사람과 같은 생명체를 이루는 중요한 재료가 되기도 한다.

작은 별은 이렇게 서서히 아름답게 형광을 발하며 생을 마감하지만 태양 질량의 다섯 배 이상 되는 큰 별은 격렬하게 폭발하는 초신성 단계를 거치며 삶을 마친다. 작은 별이나 큰 별이나 자신이 소유하거나 생산한 물질을 환원시켜 재활용하고 있는 셈이다.

# 태양계 행성이
# 여덟 개가 된 이유

 2003년 8월, 체코 프라하에서 국제천문학연맹(IAU) 회의가 열렸다. 명왕성보다 더 크고, 명왕성보다 멀리 떨어진 곳에서 태양을 공전하고 있는 행성 후보 '제나'(Xena · 2003 UB313)를 발견한 이후 새로운 행성에 대한 정의를 논의하기 위해서였다. 회의에서는 제나를 행성으로 인정할지에 대한 여부와 함께 명왕성을 여전히 행성으로 봐야 하는 것인지를 논하는 열띤 토론이 펼쳐졌다.

 이를 해결하기 위해서라도 행성의 정의를 분명히 내려야만 했다. 이는 1990년대 중반 이후 2003년까지 발견된 170여 개의 외계 행성(Extrasolar Planets)을 구분하기 위해서도 절실한 문제였다.

 당시 태양계 마지막 행성이자 가장 작은 행성이었던 명왕성은 대부분 얼음으로 이루어졌고, 다른 행성의 궤도에 비해 많이 기울고 찌그러진 타원 궤도를 도는 독특한 행성이었다. 명왕성(지름 약 2300킬로미터)은 지구의 위성인 달(지름 약 3400킬로미터)보다 작다.

일부 천문학자들은 해왕성 바깥 궤도에 위치한 작은 천체들의 밀집 장소인 카이퍼대(Kuiper Belt)에 속한 명왕성과 제나가 행성의 분류에서 제외되어야 한다고 주장했다. 그들은 말했다.

"태양계 행성은 여덟 개다."

다른 한편에서는 행성의 정의에 대한 명확한 설정이 필요하다는 주장을 펼쳤다. 명왕성을 발견한 천문대로 유명한 미국 애리조나주의 로웰 천문대 행성천문학자인 마크 뷰 박사는 행성의 정의는 간결해야 한다고 믿었다. 그러면서 그는 다음과 같은 두 개의 기준을 제안하기도 했다.

· 천체 자신의 막대한 양의 물질이 축적되어 온도가 상승하면서 스스로 타는 천체('스스로 '타'는 천체는 행성 등 다른 천체와 구분하여 '별'로 분류한다)가 아니어야 한다.
· 반대로 가장 작은 행성의 기준은 천체의 중력으로 둥근 공 모양이어야 한다.

이를 적용하면 태양계의 행성은 명왕성과 제나를 포함해

태양계 변방의 명왕성. 크기가 작아 주위의 머나먼 별(항성)보다 어두워 보인다.

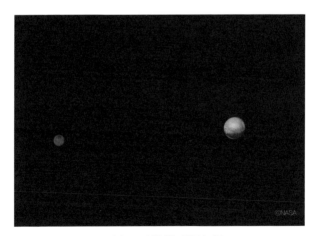

뉴호라이즌 호가 촬영한 명왕성과 카론.

20여 개가 된다. 또 이미 위성이나 소행성 등으로 분류된 천체들도 행성의 분류 기준에 들어가게 되어 새로운 논쟁거리가 된다.

행성의 정의를 둘러싼 논쟁은 행성의 새 분류를 만드는 것으로 확장되었다. 지구를 비롯한 수성, 금성, 화성과 같은 행성은 '암석형 행성', 수소, 헬륨 등 가스로 이루어진 목성, 토성, 천왕성, 해왕성은 '거대 가스 행성'이고, 여기에다 해왕성 바깥에 있는 행성들은 '카이퍼대 행성'이라는 새로운 분류법을 적용할 수 있다. 이렇게 되면 명왕성과 제나는 일반 행성이 아닌 카이퍼대 행성이 된다.

당시 행성의 정의에 관한 논쟁은 2003년 8월 IAU 회의 이후 태양계 행성은 더 이상 아홉 개가 아니라는 것이 확실해지며, 왜소행성이라는 새범주가 만들어졌다. 그 결과 명왕성은 행성에서 제외되어 태양계 행성은 여덟 개가 되었다.

# 산산조각 난
# 혜성

2006년 봄, 약 5년 4개월에 한 번 태양 주위를 찌그러진 타원 궤도로 공전하는 슈바스만−바흐만(73P · Schwassmann−Wachmann) 혜성이 30여 개의 조각으로 부서진 채 지구 곁을 지나갔다.

이 행성이 지구와 가장 가까이 접근했을 때 지구와의 거리는 약 1200만 킬로미터에 불과했다. 꽤 먼 거리지만 우주 공간을 초속 30킬로미터로 하루 260만 킬로미터를 비행하는 지구의 속도로는 불과 나흘이면 따라잡을 수 있는 가까운 거리였다.

1930년 소행성을 탐색 중이던 독일 베를린 천문대의 천문학자 슈바스만과 바흐만이 찾아낸 이 혜성은 1995년 12월 태양 주위를 지나가던 중 여러 개의 조각으로 쪼개졌음이 발견되었다. 그 뒤 몇몇 조각은 다시 합체되는 현상을 보이기도 했으나, 2006년 당시 관측에 의하면 최소 30여 개의 조각으로 분리된 상태다. 쪼개지기 전 혜성을 이루고 있던 눈과 얼음으로 뒤섞인 고체 덩어리인 '핵'의 크기는 1.1킬로미터에 달하

슈바스만–바흐만 혜성.

혜성이나 소행성이 충돌하여 만들어진 달 표면의 무수한 충돌 분화구.

는 것으로 추산했다. 이 혜성은 2022년 8월 말 지구에 매우 가까이 접근할 것으로 계산되지만 지구와 태양 주위를 지나가면서 받는 영향 등을 고려한 최종 궤도나 운명은 차후 확정될 것이다.

반복해서 사라지고 나타나는 주기성을 지닌 혜성은 태양을 한 초점으로 100~200회 공전한다. 혜성의 핵이 녹으면서 태양계 공간에 엄청난 먼지와 가스를 뿌리고 이로 인해 자연적으로 생을 마감하게 된다.

그러나 1994년 여러 개로 쪼개진 채 목성에 충돌하여 지구의 지름만큼 큰 1만 킬로미터 이상의 화염을 만들며 사라진 슈메이커-레비 9(Comet Shoemaker‐Levy 9) 혜성의 모습에서 보았듯 태양을 비롯한 다른 천체와의 충돌로 생을 마감하는 혜성도 많다.

이런 혜성이 암석으로 이루어진 달이나 지구, 화성, 수성 등에 부딪치면 거대한 분화구를 생성한다. 달 표면의 무수한 동심원이 바로 혜성이나 소행성이 충돌하면서 생성된 충돌 분화구다.

# 북극성은
# 세 개의 별이었다


오지를 탐험하거나 대양을 항해하던 옛사람들에게 가장 중요한 일은 자신의 정확한 위치를 아는 것이었다. 배에 실을 수 있는 식료품의 양과 신선한 야채, 과일의 보존 기한이 한정적이었기에 목적지까지 자신의 정확한 위치를 파악해가며 항해하지 못하면 굶주림이나 괴혈병으로 죽거나 느닷없이 나타나는 암초나 육지 등에 충돌하여 좌초하는 운명을 피할 수 없었다.

15세기 말 뛰어난 항해가였던 콜럼버스조차 지구상에서 위치를 제대로 파악하지 못해 아메리카에 도착하고도 인도의 서쪽에 온 것으로 여겨 그곳에 서인도제도라는 이름을 붙였다. 따라서 과거 항해자를 비롯한 통치자들은 지구상에서 자신들의 위치를 알아낼 방법을 찾기 위해 갖은 방법을 동원했으며 이를 위해 포상금을 걸기도 했다.

많은 사람의 노력 끝에 지도와 나침반, 성도(星圖), 시계, 별 위치 측정기 등으로 안전한 항해를 할 수 있게 되었다. 물론

◀ 북극성

©예천천문우주센터

2005년 12월 25일 새벽, 그랜드캐니언의 북쪽 하늘.
물음표(?) 모양의 북두칠성과 이마트 로고와 똑같이 생긴 W자 모양의
카시오페이아 사이의 북극성만 찾으면 동서남북을 알 수 있고,
내가 있는 곳의 대략적인 위도도 알 수 있다.

허블우주망원경으로 촬영한 북극성과 두 번째 동반 별.

요즘은 GPS 위성신호수신장치만 있으면 한눈에 경도와 위도를 파악할 수 있는 세상이다.

과학이 발달하기 전, 사람들이 자신의 위치를 알기 위해 가장 많이 의존한 별이 북극성이다. 북극성은 다른 여러 기구가 없더라도 간단하게 북쪽을 찾도록 도와준다. 북극성의 방향이 바로 북쪽이며 북극성의 고도가 바로 지구상에서 관측자의 대략적인 위도가 된다. 한마디로 북극성을 관찰함으로써 북의 방향과 위도 두 가지 요소를 알 수 있는 것이다. 그만큼 북극성은 항해자들이 길을 찾는 데 매우 중요한 역할을 했다.

현대 천문학에서도 북극성은 아주 중요하다. 2006년 1월 9일 미국의 하버드-스미소니언 천체물리연구소(CfA)는 허블우주망원경(HST)을 이용해 북극성의 두 번째 동반별을 발견했다. 즉, 북극성은 세 개의 별로 이루어진 세계인 것이다.

북극성의 첫 번째 동반 별은 작은 망원경을 이용해 쉽게 관찰할 수 있으나 2006년 발견된 동반 별은 지구상의 관측자가 볼 때 북극성과 불과 0.2초각(보름달 지름의 약 9000분의 1에 해당)밖에 떨어져 있지 않은 데다가 북극성은 태양보다 평균 2000배 이상이나 밝고, 덩치가 큰 초거성이며 그 크기도 변화하는 세페이드형 변광성이라 상대적으로 작고 어두웠기에 검출해내기가 쉽지 않았던 것이다.

지구에서 약 430광년 떨어져 있는 북극성계의 두 별 사이의 거리는 약 32억 킬로미터다. '별'인 태양과 '행성'인 해왕성과의 평균 거리가 46억 킬로미터임을 감안하면 북극성계의 두 별은 붙어 있는 것이나 다름없다. 사람들과 마찬가지로 별의 세계에도 쌍둥이나 세쌍둥이와 그 이상의 쌍성계 또는 다중성계가 많다.

이 발견은 북극성의 두 번째 동반 별을 관찰했다는 의미뿐 아니라, 이 쌍성계를 관찰함으로써 두 별의 질량을 알아낼 수 있고 또 이렇게 알아낸 북극성의 정확한 질량을 이용해 별과 은하의 거리를 측정하는 자료로 아주 유용하게 사용할 수 있다는 점에서 매우 중요하다.

북극성은 스스로 팽창과 수축을 반복하며 밝기가 가장 일정하게 변하는 세페이드형 변광성의 하나며, 지구에서 가장 가까운 세페이드형 변광성이다.

# 외계인은
# 있을까?

사람들은 오랫동안 외계인의 존재에 큰 관심을 가져왔다. 기원전 4세기경 생명체가 존재하는 행성계의 존재 여부에 관해 아리스토텔레스와 에피쿠로스가 찬반 논쟁을 한 기록이 있고, 16세기엔 코페르니쿠스의 제자인 브루노(Giordano Bruno)가 지동설과 생명체가 존재하는 행성계가 많이 존재한다고 주창하다 결국 이단자로 낙인 찍혀 화형에 처해진 일도 있다.

만화와 영화에서 문어처럼 큰 머리와 여러 개의 다리, 현미경으로 본 곤충과 천사, 요정을 비롯해 다양한 모습으로 그려지는 외계 생명체가 실제로 존재하기 위해서는 우선 거주할 곳이 있어야 한다. 따라서 외계 행성을 찾는 것이 외계 생명체의 존재 여부에 관한 실마리가 될 것이다.

태양 주변에는 여덟 개의 행성이 존재하고, 현재 4000여 개의 외계 행성을 발견했다. 수천억에 달하는 별 중에서 현재까지 발견한 외계 행성의 수가 고작 4000여 개에 불과한 이유는 별(항성)에 비해 행성의 크기가 매우 작고, 이 작은 행성이 별

금성이 태양 앞을 지나가는 모습. 지구에서 볼 때 금성이 태양 앞을 가려
태양의 전체 밝기가 미세하게 어두워진다. 이 방법을 외계 행성을 찾는 데 이용한다.

사자자리 은하단의 세쌍둥이 은하.

빛 중 일부를 반사해 빛나기에 멀리 떨어진 지구에서 외계 행성을 판별하기가 쉽지 않기 때문이다.

외계 행성을 찾아내기 위해서는 별과 행성 간의 상호 작용에 의한 별의 미세한 흔들림, 행성이 별 앞을 통과할 때 별이 어두워지는 정도를 측정하는 방법 등이 쓰인다.

외계 행성을 찾기 위한 관측이 본격적으로 시작된 지 30여 년이 흐른 지금, 발견되는 외계 행성의 개수도 크게 늘었고 곧 외계 행성의 모습도 사진으로 촬영할 수 있을 것으로 예측한다. 그리고 지금까지는 대부분 덩치가 커다란 가스 덩어리인 '목성형 행성'을 발견했으나, 딱딱한 암석의 지표, 훈훈한 공기층과 물이 있고 별과의 적절한 거리를 유지하여 꽁꽁 얼거나 이글이글 타오르지 않는 그야말로 생명체가 탄생하기에 안성맞춤인 위치의 외계 행성도 새로이 발견되고 있다.

지구를 포함한 여덟 행성이 매달려 있는 태양이란 이름의 별이 속해 있는 '우리은하'(은하수)에는 4000억 개에 이르는 별이 살고, 이런 별들의 국가라 할 수 있는 크고 작은 은하가 1100억에 달한다고 한다. 헤아릴 수 없이 많이 존재할 행성의 세계에 언젠가 우리가 조우할 친구들이 없다고 생각할 이유가 있을까?

# 소행성들의
# 마라톤


우주 전체의 규모로 보면 태양계는 아주 작은 세계지만 지구라는 행성과 비교해보면 그리 작지 않은, 아니 엄청나게 큰 세계다. 태양과 가장 먼 행성인 해왕성까지의 거리가 46억 킬로미터에 달하고, 태양계 변방의 혜성체 저장 창고인 오르트 구름의 끝자락은 시속 100킬로미터로 달리는 자동차를 타고 1000만 년 이상을 가야 도달하는 엄청나게 넓고 큰 지역이다.

지구보다 덩치가 130만 배나 크고, 태양계 전체 질량의 약 99퍼센트를 차지하는 태양이란 이름의 별과 가장 가까운 수성은 5800만 킬로미터, 금성은 1억 800만 킬로미터, 지구는 1억 5000만 킬로미터, 화성은 2억 3000만 킬로미터, 목성은 7억 8000만 킬로미터 떨어져 있다.

그런데 행성과 행성 사이의 거리는 잰걸음으로 걷다 화성과 목성 사이에서 갑자기 개울을 만나 뛰어넘듯 멀어졌음을 느낄 수 있다. 그렇다. 화성과 목성 사이의 궤도에는 태양 주위를 공전하는 천체이기는 하나 행성이라고 부르기에는 작은 소행

소행성 팔라스(2 Pallas)가 처녀자리의 별과 별 사이를 달리는 모습.
팔라스는 태양과 평균 4억 2000만km의 거리에서 초속 17.89km 속도로 달려
약 4.62년에 한 번 태양 주위를 완주한다. 팔라스의 크기는 608km다.

소행성 하이기아(10 Hygiea)는 '건강의 여신'이라는 이름대로 건강을 위해
달리고 있다! 초속 16.82km로 달리는 하이기아의 완주 기록은 2029.776일
(5.56년)이다.

성이 많이 존재하는데 이 지역을 소행성대(Asteroid Belt)라 한다.

1800년대 초반 여러 개의 소행성이 잇따라 발견되면서 소행성대의 존재가 모습을 드러내기 시작했다. 여기서 처음으로 발견되었으며 지름이 1000킬로미터에 달하는 가장 큰 '세레스'(1 Ceres)는 19세기 첫날인 1801년 1월 1일에 찾았으니 이래저래 의미 있는 소행성이다.

현재 소행성대에는 지름이 1킬로미터 이상 되는 소행성체가 100만 개 이상 존재하고, 소행성대의 천체를 다 모아도 지구의 달 질량에도 못 미치는 것으로 추산한다. 이 수많은 소행성이 수십억 년간 태양을 공전하는 마라톤을 계속해왔다. 태양과 상대적으로 가까운 궤도에 놓인 소행성은 조금 짧은 시간에, 먼 궤도의 소행성은 더 긴 시간을 들여 완주하고 있다.

끊임없는 소행성의 마라톤 경주 도중, 드물지만 서로 충돌하며 궤도를 이탈해 태양계 바깥쪽으로 튀어 나가거나 태양을 향하는 궤도로 바뀌는 경우도 발생한다. 이렇게 궤도를 이탈한 소행성체는 다른 행성이나 달(위성)과 충돌해 생을 마감하는 경우도 있으며, 다른 행성의 인력에 잡혀 달(위성)이 되기도 한다.

화성과 목성 사이의 소행성대는 46억 년 전 태양계 생성 당시 조그마한 천체와 천체 간의 충돌, 합병 등으로 점점 더 덩치를 키워가며 행성급 천체로 성장했다. 이 단계에서 목성의 인력 간섭으로 인해 행성으로 성장하지 못한 천체들이 소행성대의 주를 이루는 것으로 보는 견해가 많다. 그러나 수백만 개의 소행성이 있더라도 소행성대의 폭은 3억 킬로미터 정도여서 밀도가 높지 않아 천체를 관측할 때 시야를 가로막는 정도는 아니다.

또 해왕성 바깥 궤도에는 '카이퍼대'(Kuiper belt)라 불리는 소행성과 혜성체의 집합 장소가 존재한다. 명왕성은 카이퍼대 영역에 존재하고 심하게 찌그러진 타원 궤도 등 비행성(非行星) 요인이 많아 소행성으로 분류해야 한다는 의견도 있었지만, 전통적으로 행성이라 불려왔기에 행성으로서의 지위를 유지하고 있다가 2003년 왜소행성으로 분리되었다.

ⓒ예천천문우주센터

'바다의 여신'이라는 소행성 앰피트리트(29 Amphitrite)의 수영 실력.
4.09년에 한 번 태양 주위를 완주하는 이 소행성의 크기는 212km에 불과하다.

# 낮에
# 금성을 보다

금성

금성이 낮에 보였다는 '태백주현'(太白晝見)은 12세기에 편찬된 《삼국사기》에 여덟 번의 기록이 남아 있다. 이뿐 아니라 《삼국사기》에는 혜성, 오행성(수성, 금성, 화성, 목성, 토성), 별똥별, 일식 등의 천변 기록과 화재, 기상 이변, 지진 등을 포함하는 930여 회의 천재 지변에 대한 이야기가 등장한다.

고등과학원의 박창범(천체물리학) 교수는 《삼국사기》의 태백주현 기록에서 중국과 일본에 없는 우리만의 독자적인 기록 일곱 가지 사례(서기 394년 백제 아신왕, 서기 555년 고구려 양원왕)를 연구해 당시 금성이 낮에도 보일 수 있는 밝기였음을 입증했으며, 이를 응용해 우리나라의 독자적인 천문 관측이 7세기에 이르러서야 가능했다는 일본 학자들의 주장이 잘못되었음을 밝혔다.

금성은 태양과 달에 이어 하늘에서 세 번째로 밝은 천체다. 지구에서 볼 때 금성이 태양에서 가장 멀리 떨어질 수 있는 각거리는 동서 약 47도며, 새벽녘이나 초저녁이면 가장 밝게

낮에 촬영한 수성.

보이는 최대 광도에 이르러 이따금 UFO(미확인비행물체)로 착각
하는 사람도 있을 정도다. 그럼에도 금성을 낮에 본다는 것은
쉽지 않은 일이다. 금성이 아무리 밝다 해도 태양빛의 산란에
의해 밝아진 하늘에 묻혀, 금성의 정확한 위치를 숙지하지 않
는 한 망원경이나 육안으로 관찰하기가 어렵기 때문이다.

필자는 천체망원경을 이용해 여러 차례 태백주현했다. 관
측 조건이 그다지 좋지는 않았으나 망원경의 시야에 태양열로
부글부글 끓어오르는 듯한 금성이 한눈에 들어오곤 했다.

새벽녘에 샛별, 초저녁에 개밥바라기로 불리던 금성은 사
람들에게 매우 친숙해서 서양에서도 미의 여신 비너스로 불
린다. 이토록 아름답게만 보이는 금성이지만 20킬로미터에 달
하는 두터운 구름 층을 지나 지상에 도달하면 온실 효과로 온

초승달처럼 보이는 금성. 금성도 달처럼 초승금성, 반금성, 둥그런 금성으로 지구와 태양과 위치에 따라 보이는 모양이 변한다.

©예천천문우주센터

캐나다 출신 전설의 천체 사진작가 잭 뉴튼과 필자가
그의 뉴멕시코주 여름 별장에서 함께 태백주견 중.

도가 섭씨 460도에 달하게 된다. 한마디로 금성은 열의 지옥
이라 불릴 만큼 가장 뜨거운 행성이자 다른 여섯 개의 행성과
달리 역자전하며 공전하는 재미있는 행성이다.

금성을 촬영한 뒤 태양에서 가장 가까운 행성인 수성도 관
찰했다. 수성은 사람이 생을 마치는 순간까지 단 한 번도 못
보는 경우가 많을 정도로 관찰하기가 까다로운 천체여서 옛
어른들은 제주도나 남쪽 하늘에서 가까스로 볼 수 있는 노인
성(카노푸스)과 수성을 보면 장수한다고 믿기도 했다. 항상 눈
부신 태양 곁에 머무르는 작은 행성이고, 금성처럼 태양 빛을
59퍼센트나 반사해 더욱 밝게 보이도록 만드는 반사율 좋은
대기도 없기 때문이다.

# 별이 쏟아지는
## 해변으로 가요

많은 사람이 산과 들로 떠나는 여름에는 별똥별(유성, Shooting star)을 많이 볼 수 있다. 시원한 바닷가나 사방이 트여 하늘이 잘 보이는 장소에서 마음먹고 몇 분만 하늘을 올려다보면 짧은 순간 빛줄기를 그리며 사라지는 별똥별을 자주 목격하게 된다. 게다가 7월 말에서 8월 말까지는 '스위프트-터틀' 혜성으로 인한 '페르세우스 유성우'가 나타나는 시간이어서 다른 시기보다 별똥별이 많다.

유성이 짧은 시간 동안 일정한 출발점(복사점)을 기준으로 많이 떨어지는 현상을 유성의 소나기와 같다는 표현으로 '유성우'(Meteor shower)라고 한다. 복사점이 있는 별자리의 이름을 따 부르기도 하는데, 현재 지구상에서 연중 관측되는 유성우의 수는 112개며, 그중 대표적인 유성우로는 페르세우스 유성우와 11월 중순의 사자자리 유성우 등을 꼽을 수 있다.

여름철을 대표하는 페르세우스 유성우는 매년 7월 23일부터 8월 22일쯤 발생한다. 이 유성우의 원료 제공자인 스위프트-터틀 혜성은 130년 주기로 심하게 찌그러진 타원 궤도를 따라 카이퍼대에 위치한 명왕성 바깥에서 출발해 태양 주위를 한 바퀴 공전한다. 이때 받는 태양열에 의해 혜성 표면층이 녹을 때 분출되는 가스를 따라 방출된 먼지 층을 지구가 한 달에 걸쳐 통과하며 유성우가 발생하는 것이다. 유성이 가장 많이 보이는 시점은 8월 10일쯤으로 이때는 시간당 80~100개의 유성이 떨어지는 멋진 쇼를 기대해도 좋다. 자주 실망스럽기는 하지만….

그런데 별똥별(유성)은 무엇일까? 일반적인 별똥별은 매우 작고 가벼운 먼지 크기의 물질이 빠른 속도로 우주 공간에서 지구 대기권으로 진입하면서 마찰열로 연소되며 빛을 발하는 현상이다. 별똥별의 속도는 초속 12~72킬로미터며, 빛을 발하는 높이는 지상에서 80~120킬로미터 상공이다. 페르세우스 유성우는 초속 59킬로미터로 떨어진다.

빛줄기를 그리며 사라지는 별똥별은 지상에 도달하기 전에 다 연소된다. 그러나 대기권 진입 전의 크기가 2~3센티미터 이상에 달하는 돌이나 쇳덩어리는 일부가 지상에 낙하한다. 이렇게 땅에 떨어진 별똥별을 '운석'이라 부른다.

하루에 떨어지는 운석의 양은 수 톤에 달하는 것으로 추정되나 대부분은 가루 형태 미소운석으로 낙하해 피해를 주지 않는다. 그러나 큰 덩어리의 운석은 지상에 충돌하면서 폭발

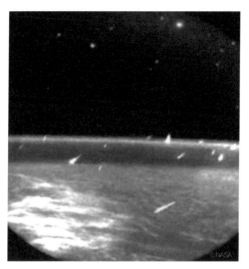

인공위성에서 촬영한 유성우.

현상이 일어나 폭탄 폭발 후 남는 구덩이와 같은 '충돌 분화구'를 만든다.

우리는 달의 사진에서 32~38억 년 전 생성된 크고 작은 동심원 모양의 충돌 분화구를 많이 볼 수 있다. 지구에는 지질 작용과 풍화 작용으로 다 사라지고 비교적 최근에 생성된 200여 개만 남아 있다.

현재도 자주 운석 덩어리가 떨어져 러시아나 미국을 비롯한 땅덩어리가 꽤 큰 나라에서는 자동차와 집, 담벼락, 유리 등이 파손되거나 가축과 사람이 피해를 입은 경우도 있다. 1908년 러시아의 퉁구스카 강 유역에서 지름 30~50미터 정도의 운석체(혜성)가 떨어지며 지표에 도달 전 폭발해 제주도와 비슷한 크기의 지역이 순식간에 초토화되기도 했다.

20세기 이후 우리나라의 운석 낙하 기록은 다섯 번이며, 그중 소재가 알려진 것은 1943년 전남 고흥군 두원면에 떨어진 2.1킬로그램의 운석(돌 성분의 석질 운석)으로 1999년 일본에서 영구 임대 방식으로 되찾아 왔다. 이로써 우리나라에는 현재 대전의 한국지질자원연구소에 소장되어 있는 '두원 운석'과 2014년 3월 낙하한 네 개의 진주 운석(420그램~29.9킬로그램)이 있다.

필자가 가장 운석답다고 생각하는 운석.
만화영화나 SF영화에 나오는 모양의 모델이 된 듯한 윌러멧 운석.
뉴욕 맨해튼의 미국자연사박물관에 소장되어 있다.

# 우주의
# 생존 경쟁과 진화

머나먼 아프리카의 세렝게티 초원과 기업 세계나 인간 사회에서만 약육강식의 법칙이 존재하는 것은 아니다. 우리 머리 위에 펼쳐진 고요하고 평화로워 보이기만 하는 우주. 우주라는 바다 위 일몰의 섬처럼 조용히 떠 있는 듯한 은하. 수천억 개에 달하는 크고 작은 이 은하 세계들 사이에서도 끊임없는 약육강식의 모습이 보인다.

별들의 국가라 할 수 있는 가지각색의 은하는 한 개의 은하 자체로도 어마어마한 세계를 이룬다. 은하에는 적게는 수천만, 많게는 수조 개에 이르는 많은 별(항성)과 그에 딸린 행성과 혜성, 소행성 그리고 이들의 탄생과 소멸이 끊임없이 이어지는 성간구름이 존재한다. 더욱 놀라운 것은 우리 눈에 이제 겨우 빛을 발하는 듯한, 아직 명확하게 파악되지 않은 암흑물질이 은하와 우주 질량의 대부분을 차지한다는 사실이다.

또한 은하 중심부만 밝고 화려한 것은 아니고 변두리도 건강하게 잘 살아간다. 사실 우리 태양계가 은하 중심부에 가까이 있었다면 지구에 생명체가 존재할 확률은 희박하다. 우리

**은하단**
각양각색의 은하가 우주의 바다 위에 떠 있는 듯하다.

은하 내 생존 가능 구역(GHZ: Galactic Habitable Zone)을 벗어난 상대적으로 불안정한 주변의 영향으로 고에너지 입자와 운석체들의 피폭을 피하기 어렵기 때문이다.

고요하고 평화로워 보이기만 하는 이 밤하늘, 우주에서 벌어지는 약육강식의 카니발은 대체 어떤 모습일까?

은하는 생김새에 따라 나선 은하, 타원 은하와 불규칙 은하로 나뉜다. 또 크기에 따라 대형 은하와 소형 은하로 분류하기도 하며, 우주에는 대략 100억 개의 대형 은하와 1000억 개의 소형 은하가 있는 것으로 추정한다.

은하의 기원을 연구하는 많은 학자는 처음부터 대형 은하가 탄생하는 것이 아니라 은하와 은하의 충돌에 의한 일종의 인수 합병(M&A) 과정을 통해 생긴다고 믿는다. 결국 은하는 주변의 다른 은하나 주변 물질의 인력 작용으로 그 덩치를 점점 불리며, 어느 정도 성장한 은하는 작은 은하들을 삼키면서 더욱더 커져간다고 보는 것이다. 이 은하의 카니발은 예외적인 현상이 아닌 자연스러운 우주 진화의 흐름이다.

은하와 은하의 충돌이 꼭 비극을 초래하는 것만은 아니다. 은하를 구성하는 수많은 별 사이의 거리는 매우 멀어 은하와 은하가 충돌하더라도, 별끼리 부딪칠 확률은 그리 크지 않다고 본다. 태양에서 가장 가까운 별까지의 거리는 약 40조 킬로미터고, 태양의 지름은 약 140만 킬로미터다. 결국 태양과 그

**안테나 은하**
충돌하는 두 은하의 양쪽에 곤충의 더듬이와 같은 두 가닥의 물질의 흐름이 보인다.

별 사이에는 지구보다 130만 배나 덩치가 큰 태양과 같은 크기의 별 약 2900만 개가 들어갈 정도로 엄청난 공간이 존재하는 것이다.

대형 은하와 소형 은하의 합체는 국부적이고 비교적 조용하게 진행된다. 그리고 대형 은하 간 충돌은 비록 별과 별 사이의 충돌이 많지는 않더라도, 은하의 뒤틀림을 비롯해 성간 구름의 평형이 깨지면서 별의 폭발적인 탄생이 이루어지는 등 훨씬 복잡한 일이 될 것으로 추정한다.

실제로 먼 우주의 은하 세계를 촬영한 사진을 보면 은하와 은하가 충돌 중인 모습, 다른 은하로 빨려 들어가는 물질과 별, 하나의 은하가 다른 은하를 관통하고 빠져나가는 모습 등이 발건된다.

여러 개의 위성 은하를 거느리고 있는 우리은하도 이 은하 카니발의 예외는 아니다. 약 17만 광년 떨어진 남반구 하늘에 보이는 대, 소 마젤란은하(Magellanic clouds)를 흡수하려고 끌어당기면서 두 은하 사이에는 물질(주로 수소)의 빠른 흐름인 마젤란 분류(Magellanic stream)가 존재한다. 또 은하 중심 부근의 궁수자리에 있는 위성 은하는 거의 찢어진 잔해와 우리은하를 중심으로 흐르는 분류만이 남아 있을 뿐이다.

이 모습을 조금 과장하면 마치 《어린 왕자》에 나오는 먹이를 집어삼킨 보아뱀의 가느다란 몸뚱이가 불룩 나온 것처럼 우리은하에도 그러한 부분이 남아 있다. 빨아들인 별과 물질이 아직 소화가 덜 된 것인 양.

대부분의 사람은 밤하늘에서 안드로메다은하가 어디에 있는지는 모르지만 만화영화나 SF영화에서 이름을 들어본 적은 있을 것이다. 안드로메다는 우리은하와 220만 광년(초속 30만 킬로미터/시속 10억 8000만 킬로미터로 달리는 빛의 속도로 220만 년을 가야 하는 거리) 떨어진 가장 가까우면서도 우리은하보다 훨씬 크고 생김새는 닮은 은하로, 우리은하와 시속 50만 킬로미터의 속도로 마주보고 뛰어오는 중이다. 약 30억 년 뒤 두 대형 은하는 충돌하게 될 것이다.

다소의 혼란과 희생이 있겠지만, 충돌 후 수십억 년의 시간이 흐른 뒤 더욱 발전되고 안정된 하나의 거대 은하로 변한 안드로-우리은하는, 우리 주변의 30개 이상의 크고 작은 은하가 형성한 은하 집단체인 국부은하군(Local group of galaxies)의 명실상부한 중심 은하로 발전·재탄생할 것이다.

이것이 심란한 21세기, 138억 년 우주의 역사에서 몇십 년이라는 짧은 시대를 살아가는 우리가 주목해야 할 우주의 진리가 아닐까?

**유명한 안드로메다은하**
약 30억 년 뒤 우리은하와 충돌하여 초대형 은하로 재편될 운명이다.

# 밤하늘의 보석,
# 토성

　밤하늘의 보석이라고 불릴 만큼 강렬한 인상의 아름다운 고리를 가진 행성, 토성. 육안으로 보면 밝은 별 중의 하나로 관찰되는 토성은 렌즈 지름 60밀리미터 정도의 작은 천체망원경으로도 노르스름한 빛을 발하는 고리가 선명하게 보인다.

　토성은 지구와 최소 12억 킬로미터 거리에 있으며, 태양계에서 목성 다음으로 덩치가 큰 행성으로 지구보다 무려 700배 이상이나 크다. 그러나 대부분 수소(74퍼센트)와 헬륨(24퍼센트)으로 이루어져 질량은 지구의 95배에 지나지 않는다. 토성을 커다란 수영장에 넣는다면 물에 둥둥 떠다니게 되는 것이다.

　토성의 하루는 적도에서 10시간 15분, 극지방에서 10시간 40분에 불과할 정도로 빠른 속도로 자전한다. 이렇게 빠른 속도로 자전하는 데다, 지구와 같은 딱딱한 암석이 아닌 유체 상태로 이루어진 토성은 적도 지방이 극지방에 비해 약 10퍼센트 정도 불룩 삐져나와 있다(적도 지름 12만 536킬로미터, 극지름 10만 8728킬로미터). 일반인들도 망원경으로 관찰하면 알아볼 정도로 태양계 행성 중 가장 찌그러진 외형이다. 참고로 지구를

예천천문우주센터에서 촬영한 토성 본체의 그림자가 본체 뒤 고리 부분에 드리워져 있다.

토성 고리가 사라졌다 해도 과언이 아니다.

비롯한 모든 행성과 항성(별)은 정도의 차이가 있지만 옆구리가 튀어나온 짱구들이다.

1610년 처음으로 망원경을 이용해 토성을 관찰한 천문학자는 이탈리아의 갈릴레오였다. 그는 직접 만든 망원경으로 토성 고리를 발견했으나, 망원경의 성능이 매우 조잡하여 고리로 인식하지 못하고 두 개의 달로, 후에는 토성의 팔이나 손잡이로 생각했다. 그를 더욱 놀라게 한 일은 토성의 고리를 발견한 뒤 2년 만에 고리가 사라져버린 것이다!

초창기 망원경 관측자들은 약 15년을 주기로 사라졌다 몇 달 뒤 다시 나타나는 고리의 변화를 매우 신기해했다. 1648년이 되어서야 비로소 고리가 고리로 인식되었으며, 1659년 네덜란드의 물리학자 하위헌스가 지구와 토성의 공전 궤도 면의 기울어짐 등에 따라 토성 고리가 변화하는 기하학적인 원인을 발표했다. 2004년 7월 1일, 토성에 도착한 탐사선의 이름에 하위헌스가 들어간 이유 중 하나다.

토성 사진을 보면 고리 사이에 어두운 간극이 보이는데 이를 '카시니 간극'(Cassini Division)이라 한다. 이탈리아 출생으로 후에 파리 천문대 대장을 지낸 카시니가 1675년 발견했기 때문이다.

토성에는 발견 순서에 따라 A~F로 이름 지어진 고리들이 존재한다. 그러나 하나하나의 고리에는 수많은 작은 고리 열이 있어 LP 레코드판을 연상시키기도 한다. 작은 망원경으로는 토성 고리가 한 통으로 연결된 미끈한 구조체로 보이지만 실은 대부분 얼음이나 얼음으로 덮인 덩어리 등이 거리를 두고 모여 궤도 운동을 하는 것이다. 덩어리의 크기는 수 센티미터에서 수 미터에 이르며, 수 킬로미터에 달하는 것도 있는 것으로 알려졌다.

토성 고리의 폭은 25만 킬로미터 이상이지만, 두께는 1킬로미터 이하로 매우 얇아 17세기 갈릴레오가 토성 고리가 사라졌다고 놀란 게 이해가 되기도 한다. 지구와 12억 8000만 킬로미터 떨어져 있는 토성의 고리가 지구 관측자와 일직선상에 놓이면 그 두께가 1킬로미터도 안 되기 때문이다. 이는 400여 년이 지난 현재의 망원경으로도 제대로 보기 힘든 수치며, 고리의 물질을 모두 모아도 지름 약 100~200킬로미터의 위성이나 소행성급 천체에 불과하다.

토성의 고리는 1977년 천왕성 고리가 발견되기 이전에는 유일한 행성 고리로 인식되었다. 현재는 토성 고리와는 밝기, 크기, 구성 요소 등에서 많은 차이가 나지만 거대한 가스 행성인 목성, 천왕성, 해왕성 또한 고리를 가진 것으로 밝혀졌다.

과거에는 약 46억 년 전 태양계 생성 당시에 고리가 만들어진 것으로 여겨졌다. 하지만 현재는 수억 년 전에 토성에 가까이 다가가던 위성급 천체가 토성의 강한 인력에 의해 조각

허블우주망원경으로 촬영한 토성 고리의 변화.

조각 찢겨졌거나, 토성의 위성과 소행성 간의 충돌로 부서진 조각들이 고리를 이룬 것으로 보고 있다.

지금도 토성 고리에 나타나는 '살'(spoke), '매듭'(knots, braids) 구조와 물결무늬 등 앞선 지상 관측과 탐사선에 의해 발견된 구조들을 해석하기 위한 이론과 컴퓨터 모의실험 등의 결과를 카시니 탐사 결과와 접목해볼 뿐 아니라 더 많은 자료를 수집해 정확한 해석을 끌어내고자 노력하고 있다.

어찌 되었든 행성 천문학자들은 토성 고리 형태 자체와 그것을 유지하는 것은 매우 드문 일로 여기고 있다. 먼 훗날 토성 고리는 '은하계 문화유산'이 될 만한 놀라운 존재일지도 모른다.

토성에서는 현재 80여 개의 달(위성)이 발견되었으며, 그중 가장 큰 위성은 하위헌스가 발견한 타이탄이다. 이 위성은 행성인 수성보다 더 커 지름이 5100킬로미터가 넘는다. 그동안의 관측과 연구에 따르면 타이탄의 짙은 대기 아래 물과 얼음이 존재할 것으로 예상되어, 화성과 마찬가지로 원시 생물의 존재 여부가 궁금한 위성이다. 타이탄에서 33만 9000킬로미터 떨어져 비행한 카시니는 이곳에서 물의 얼음, 얼음과 탄화수소가 섞여 있는 것으로 보이는 물질을 발견했다.

타이탄에서 생명체의 존재나 흔적이 발견될지 무척 궁금하지만 미지의 세계에서 보내오는 풍경 사진을 보는 것만으로도 그저 놀라울 뿐이다.

# 지구의 맏형,
# 목성


목성은 화성보다 훨씬 멀어 지구와 6억 킬로미터 이상 떨어져 있다. 그러나 덩치가 워낙 커(지구의 약 1300배) 아주 밝게 보인다. 목성은 태양계 여덟 개의 행성 중 제일 커서 맏형이라 불리곤 하는데, 화성과 목성 사이의 궤도에 존재하는 크고 작은 소행성대(Asteroids belt)의 천체들이 태양을 향해 뛰쳐나가지 못하도록 강한 인력으로 예방하는 경찰 역할을 하는 목성에겐 이 말이 썩 잘 어울린다.

목성의 이러한 역할은 지구인들의 생사가 걸린 무척이나 중요한 일이다. 화성과 목성 사이의 소행성대에는 지름이 1킬로미터 이상인 돌과 쇳덩어리가 100만 개도 넘을 것으로 추정한다. 그것들이 궤도를 이탈해 지구와 충돌하면 거대한 폭발과 함께 재앙을 유발할 수도 있다.

실제로 1994년 목성과 슈메이커-레비9 혜성 간의 충돌이 일어났다. 그때 혜성이 충돌하며 일으킨 불기둥의 높이가 무려 1만 2000킬로미터에 달해 거의 지구의 지름과 맞먹는 크기

슈메이커-레비9 혜성이 목성에 충돌하며 폭발하는 장면.
천체 간 충돌 현장을 인류는 처음으로 생생하게 목격했다.

복잡하고 다양한 패턴의 목성 대기 현상. 검은 그림자는 목성의 달이 지나가는 모습.

였다. 참으로 끔찍한 일이다.

약 6500만 년 전 지구상에서 공룡을 비롯한 생물 종의 70퍼센트 이상이 절멸한 유력한 이유 중 하나가 소행성의 충돌로 인한 급격한 환경 변화다. 이 설만 보아도 그 위험성이 얼마나 대단한지 다시금 알 수 있다.

외계 생명체 존재 여부의 시발점이 되는 외계 행성 찾기는 1990년대부터 본격적으로 시작되었으며 현재 4000여 개의 다른 외계 항성계에 속한 행성을 찾아냈다. 이 연구에서 중요한 점 중 하나는 목성과 같은 만형 행성이 존재하느냐의 여부다. 만형 행성은 생명체가 발생한 뒤 그것을 유지하는 기본 조건 중 하나이기 때문이다.

목성은 토성과 마찬가지로 딱딱한 대지는 거의 없고 가스로 이루어진 행성이다. 이를 작은 망원경으로 살펴보면 어두운 '띠'(저기압대)와 밝은 '대'(고기압대)가 교차하고 네 개의 달(위성)이 있는 것을 볼 수 있다. 목성의 가장 큰 특징 중 하나는 대적반(the Great Red Spot)이다. 대적반은 일종의 태풍 현상인데 발견된 지 350여 년이 지나도록 지속되는 무서운 태풍이다. 이토록 무시무시한 태풍이 긴 세월 이어진 이유는 대적반의 회전력을 상쇄시킬 대지나 액체의 마찰력이 없기 때문이다. 대적반 덕에 망원경 관측 초창기에는 목성을 '외눈박이 괴물'에 비유하기도 했다.

지구에서 살아가는 모든 삶에게 정말로 고마운 존재 중 하나가 목성이다. 그야말로 든든한 맏형인 것이다.

# 외계 행성을
# 찾아서

2004년 6월 9일 금성의 태양 면 통과 현상을 촬영하기 위해 예천천문우주센터는 오전부터 매우 분주했다. 그러나 이곳 예천은 금성 태양 통과 시각 내내 흐린 가운데 엷은 구름 사이로 태양이 슬쩍 나타났다 사라졌다 하기를 반복했다. 그럼에도 불구하고 망원경의 시야에 순간순간 보이는 금성의 모습은 놀랄 만큼 또렷했으며 기대 이상으로 컸다. 실로 대단한 장관이었다!

태양을 중심으로 한 태양계의 행성 여덟 개 중 수성과 금성은 지구보다 태양에 더 가까이 있어(내행성) 지구에서 볼 때 이따금 태양 면을 가로질러 간다. 행성에 의해 태양의 작은 부분이 가리는 일종의 작은 '일식' 현상인 것이다. 훗날 우리 후손들이 화성에서 살게 된다면 이따금 지구가 태양 앞을 가로질러 가는 현상을 볼 것이다.

행성들이 태양의 적도 면과 일치된 궤도를 운동한다면 좀 더 자주 이 현상을 목격할 수도 있다. 하지만 행성들은 서로

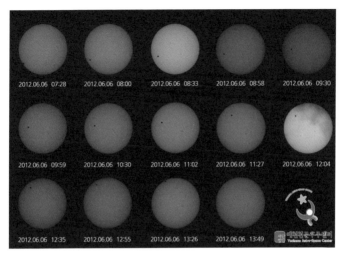

금성의 태양 면 통과 모습(2012년).

다른 각도로 태양 적도 면과 기울어져 제각각 다른 속도로 공전하기 때문에 태양과 수성 또는 금성과 지구가 거의 일직선상에 자리하는 경우는 드물게, 규칙적으로 일어난다.

이 멋진 행성 일식 현상을 이용해 천문학자들은 태양 외의 별(항성)에 소속되어 있는 외계 행성을 찾는다. 외계 행성의 존재 여부가 많은 지구인이 궁금해하는 외계인 또는 외계 생명체 존재의 기본 조건 중 하나다. 일단 불판이 있어야 삼겹살을 굽든 김치를 구워 먹든 할 수 있기 때문이다.

금성이 태양 앞을 지나가면서 시커멓게 보이는 이유는 태양의 광구에서 출발해 사람의 눈에 도달하는 빛다발 중 일부

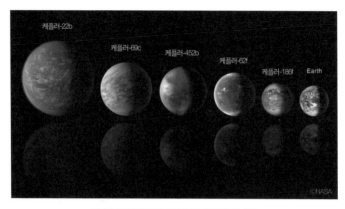

케플러 우주망원경이 발견한 또 다른 지구들 삽화.

가 금성이라는 행성에 막혀 통과하지 못하기 때문이다. 이때 잘 느끼지 못하지만 금성의 크기에 비례하는 양만큼 태양의 전체 밝기가 감소한다.

천문학자들은 이 원리를 이용해 외계 행성을 찾는다. 별과 별 사이의 거리는 무척이나 멀어 별 옆의 작은 행성은 천체망원경으로도 관찰하기 어렵다. 그러나 별 앞을 미지의 행성이 지나갈 때 그 시간만큼, 또 행성의 크기에 비례하는 만큼 별의 밝기가 감소한다. 이 현상을 망원경과 측광 기기로 기록하고 분석하면 외계 행성의 존재 여부를 알 수 있다. 1990년대 후반부터 본격적으로 몇 가지 방법을 이용해 외계 행성을 찾은 결과 현재 4000여 개를 발견했다.

# 달 이야기

달은 동서고금을 막론하고 우리 인류에게 가장 친숙한 천체(天體)일 것이다. 태양은 쳐다보면 눈이 부셔 그 실체를 제대로 알 수 없고, 달은 일상을 마친 뒤 편안하게 바라볼 수 있는 덕분이다. 또한 달은 인간이 발을 디딘 지구 밖의 유일한 천체이기도 하다. 지구와 달 사이의 거리는 평균 38만 4000킬로미터며, 달의 지름은 약 3500킬로미터로 지구의 4분의 1에 이른다.

달은 육안으로도 그 표면의 특징을 잘 살펴볼 수 있다. 가장 먼저 눈에 띄는 것은 어두운 색상의 방아 찧는 토끼 형상이다. 이 어두운 부분을 달의 바다라고 하며, 밝은 부분을 고지대 또는 평원이라 한다. 달을 망원경으로 관찰하면 고지대 부분에 집중되어 있는 크고 작은 구덩이가 보이는데, 운석 충돌로 생긴 이 구덩이를 '충돌 분화구'(크레이터)라고 부른다.

달이 생성된 시점은 지구와 비슷한 약 46억 년 전이다. 부글부글 끓던 달이 식어 지각이 형성된 후, 32~38억 년 전에 무수히 많은 운석의 폭격을 맞아 달의 표면에 많은 충돌 분화

달 위에 선 인류.

구가 형성된 것이다.

설상가상 아주 커다란 운석이 충돌하면서 달의 지각을 깨뜨렸다. 깨진 지각 사이로 용암이 흘러나와 달 표면을 뒤덮고, 또 그 양이 너무 많아 무게를 견디지 못한 지각이 평균 3킬로미터 가라앉았다. 이것이 어두운 색상의 달의 바다가 된 것이다. 즉 '물의 바다'가 아니고 '용암의 바다'인 것이다.

달의 토끼를 살펴보면 얼굴도, 몸도 게다가 방아도 둥글둥글한 모양임을 알 수 있다. 지구는 달보다 덩치가 50배나 크므로 더 많은 운석의 폭격을 맞아 수많은 크레이터가 생겼다. 그러나 물도, 공기도 지질 활동도 없는 천체인 달에 비해 풍화 작용과 지질 활동이 활발한 지구는 충돌 분화구가 대부분 사라졌다. 현재 지구에는 비교적 최근에 생성된 200여 개만이 남아 있다.

둥글둥글한 달의 토끼. 어두운 바다의 문양들이 모여 토끼 형태로 보인다.
바다 역시 커다란 충돌 분화구여서 둥글둥글하다.

풍화 작용이 없어 수십억 년을 유지하고 있는 달의 충돌 분화구.
태양 빛을 받았다 안 받았다 하며 팽창과 수축을 하는 열 스트레스로 인해
약간의 변동이 있을 뿐이다.

3장

애드 애스트라

Ad Astra; 별을 향하여

감기와 이른 저녁 탓에 잠이 들었다 깼다.
텔레비전을 보며 누워 있다 바람을 쐬러 마당으로 나왔다.
감사하게도 늘 반겨주는 별 하늘이건만 또 깜짝 놀란다.

맑은 공기와 별들이 어쩜 해준 것도 없는 나를
이리 반겨주는지. 참 고맙다.

팔로마산 천문대로 가는 이정표 '별행 고속도로'
(Highway to the Stars).

# Highway to the Stars
# – 별행 고속도로

'Highway to the Stars' 표지판을 따라 오랜만에 올라간 팔로마산 천문대.

딸아이가 등교한 뒤 아내와 나는 베이글 한 조각, 삶은 달걀 두 알, 물 한 통을 들고 1948년 완공되어 1970년대까지 세계 최대 크기의 천체망원경으로 우주를 풍미했던 팔로마산 천문대에 올랐다. 70년도 더 된 망원경이지만 장비를 꾸준히 향상시킨 덕에 여전히 우주 탐사의 최첨단을 걷고 있는 천문대다. 6~7년 만에 다시 찾은 이곳은 변함없이 참 좋았다. 늘 반겨주는 이 파란 하늘이 너무 좋다. 고사리 꺾지 말라는 영어, 한국어, 일어 경고문은 없어졌으나 여전히 고사리는 지천으로 널렸다.

한때 가장 멋진 천문대를 만들고 싶다는 나의 롤 모델이었던 팔로마산 천문대 설립자 조지 엘러리 헤일 흉상 앞에서 오랜만에 그의 경구를 되새겨본다.

Make No Small Plans.

Dream No Small Dreams.

**5m 헤일 망원경.**
1970년대 중반까지 세계 최대 크기의 망원경이었다.
사진 하단의 사람과 망원경의 크기를 비교해보자.

출입구 앞의 필자와 비교하면 천문대의 크기를 느낄 수 있는 5m 헤일 망원경이 있는 천문대.

해발 1700m에 이르니 빵빵하게 부풀어 오른 삶은 달걀 팩.

## 북두칠성이
## 내게 문득…

집 뒤로 보이는 북두칠성을 바라보다 보니,
문득 물음표 '?'처럼 생긴 북두칠성이 내게 묻는다….

사는 게 뭐요?

삶이 뭐요?

북두칠성

# 헬기 타고
# 우주로!

어느 가을 아침 파란 하늘과 서쪽 하늘에 걸린 달이 예뻐 김 기장에게 "저 달까지 날아가봅시다" 하니, 나보다 더 열정적인 김 기장은 "달 뒷면까지 비행하겠습니다"라고 호기롭게 답했다. 김 기장과 헬기 시동을 걸어 한눈에 예천, 안동, 영주 시가지를 내려다보며 계속 오르고 또 올랐다. 어떤 날은 구름도 뚫고 올랐다. 그날만큼은 저 달에 도착할 수 있을 듯한 느낌이 들었다. 그러나 중도 포기했다. 산소 탱크를 지구에 두고 와 달에 도착해도 호흡이 곤란할 듯하여 회항했다. "다음에 다시 도전해봅시다" 하며 서로 웃었다.

별을 따려는 소녀를 헬기에 새겨 넣었다.

구름을 뚫고 오르고 또 올랐다.
달을 향해 태양을 향해.

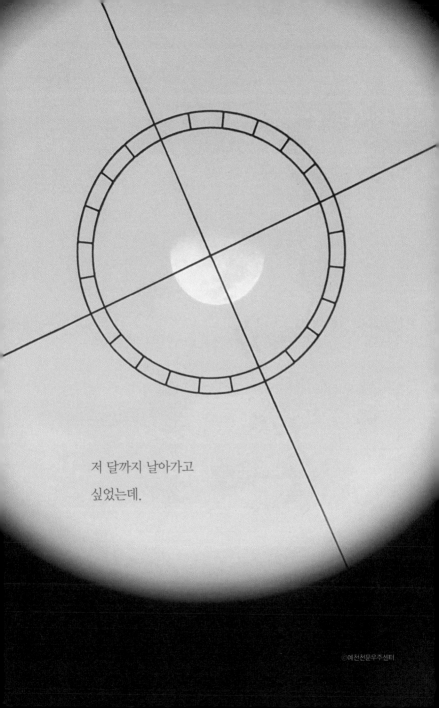

저 달까지 날아가고
싶었는데.

# 지구 최초, 스마트폰으로 촬영한 태양계 끝 행성 해왕성!

육안으로 밤하늘에서 볼 수 있는 다섯 개의 행성인 수성, 금성, 화성, 목성, 토성을 제외한 천왕성과 해왕성은 천체망원경을 통해서 관측이 가능하다. 이들은 망원경으로 관찰하면 희미한 푸른색의 조그마한 원 형태를 띤다. 요즘은 눈에 보이지 않는 행성이나 천체도 망원경 운영 컴퓨터의 키보드와 마우스를 조작하면 그 위치를 정확하게 찾을 수 있는 좋은 세상이다. 하지만 학생 시절 해왕성을 촬영하려면 그날의 위치를 계산해서 망원경 가이드에 붙은 적경, 적위판에 맞춰 세팅하고 T링을 붙여 경통과 카메라를 연결하는 등 오랜 시간 수고를 들여야 했다.

2020년 겨울밤, 스마트폰을 망원경에 부착하는 방식으로 태양계 끝 행성 해왕성을 촬영했다. 아마도 세계 최초로 스마트폰을 이용해 찍은 해왕성의 모습일 것이다. 촬영 당일은 유난히도 추웠다. 태양에서 1억 5000킬로미터 떨어진 지구도 이리 추운데 태양에서 약 46억 킬로미터나 떨어진 저 해왕성은 얼마

반사경 지름 508mm 망원경 아이피스에
스마트폰을 부착하여 10초 노출시켜 촬영한 해왕성

나 추울까. 해왕성의 온도는 무려 영하 210에 달한다고 한다.

　망원경을 사용해야만 보이는 해왕성은 먼저 이론적으로 존재가 유추된 후 1846년 발견되었는데 최초 발견자가 누구냐를 두고 유럽 3개국 간 국제 분쟁이 일어났었다. 해왕성은 영국의 애덤스와 프랑스의 베리에르가 궤도를 계산했고, 1846년 독일 베를린 천문대의 갈레에 의해 발견되었다. 현재는 이 세 명의 공동 발견으로 인정한다.

　또 재미있는 사실은 이들보다 200년도 더 앞선 1613년, 위대한 천문학자 갈릴레오가 이미 해왕성을 목성 근처에서 관찰하고 별(항성) 사이를 이동하는 기록도 남겨두었다는 점이다. 하지만 이후 관측이 따르지 못한 것으로 전해진다. 만약 뒤이어 관측에 성공했다면 갈릴레이는 당시의 상식인 토성이 마지막 태양계 행성이라는 틀을 깨고 토성 바깥에 존재하는 새로운 행성 세계의 존재를 세상에 고할 수 있었을 것이다.

갈릴레오는 1610년 망원경으로 달 표면에 구멍이 뻥뻥 뚫린 분화구와 그곳에 드리운 그림자와 여러 표면의 지형은 물론 해(태양)의 흑점을 보았다. 또 그 위치가 변해가는 모습까지 관찰하며 매끄럽고 완벽하다고 생각했던 우주도 완벽하지 않다는 사실을 알아냈다.

목성을 관찰하며 네 개의 달(위성)을 발견하기도 했는데 이는 우주의 중심이 지구가 아니라 태양이라는 천동설을 확신하게 했다. 또 덴마크의 천문학자 뢰머는 목성의 달이 목성 앞을 가로지른 후 목성 뒤로 사라졌다 다시 목성의 반대 방향에서 나타날 때 시간 차가 생기는 것을 관찰하고 빛의 속도를 초속 22만 킬로미터라고 측정했다. 현재의 측정 속도 약 30만 킬로미터와는 26퍼센트의 차이밖에 없다.

보이저 2호가 근접 촬영한 해왕성.

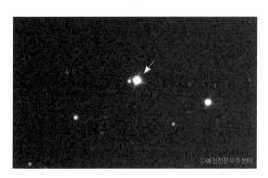

508mm 망원경과 천체 관측용 CCD카메라로 촬영한 해왕성.

마당에서 바라본 별 하늘.

# 별은 빛나건만

무심코 문을 열고 마당으로 나갔다. 은행나무 위엔 화성이 밝게 걸려 있고, 가을밤 살짝 찬 공기에 별들이 주렁주렁 익어가는 듯 하늘에 달려 있다. 한참을 넋 놓고 별 하늘을 보다 스마트폰을 들고 그 아름다운 모습을 담아본다. 문득…나는 어디로 가는 걸까.

'별은 빛나건만.'

푸치니의 오페라 〈토스카〉의 아리아 중 한 소절이 스친다.

# 창백한 푸른 점,
지구

보이저 탐사선이 촬영한 지구. 말 그대로 창백한 푸른점이다.

인류가 살아가는 거대한 지구도 우주에서 바라보면 창백한 푸른 점(Pale Blue Dot)일 뿐이다. 창백한 푸른 점은 1990년 보이저 1호가 61억 킬로미터 떨어진 곳에서 촬영한 지구의 모습을 보고 붙인 이름으로, 이 프로젝트를 진행했던 칼 세이건 박사가 지구의 모습을 보고 감명받아 명명한 것이다.

지구라는 촌에 사는 사람들은 내 고향 지구에서 감사하고 행복하게 살다 가면 될 듯.

아래는 지구인에게 별과 우주의 세계를 가장 즐겁고 흥미진진하게 전달한, 필자가 가장 부러워하는 칼 세이건 박사가 감명받아 쓴 글이다.


여기 있다.

여기가 우리의 고향이다.

이곳이 우리다.


우리가 사랑하는 모든 이,

우리가 알고 있는 모든 사람,

당신이 들어봤을 모든 사람,

예전에 있었던 모든 사람이 이곳에서 삶을 누렸다.


우리의 모든 즐거움과 고통,

확신에 찬 수많은 종교, 이데올로기,

경제 독트린들, 모든 사냥꾼과 약탈자,

모든 영웅과 비겁자, 문명의 창조자와 파괴자,

왕과 농부, 사랑에 빠진 젊은 연인,

모든 아버지와 어머니, 희망에 찬 아이,

발명가와 탐험가, 모든 도덕 교사,

모든 타락한 정치인, 모든 슈퍼스타, 모든 최고 지도자,

인간 역사 속의 모든 성인과 죄인이

여기 태양 빛 속에 부유하는 먼지의 티끌 위에서 살았던 것이다.


지구는 우주라는 광활한 곳에 있는 너무나 작은 무대다.

승리와 영광이란 이름 아래,

이 작은 섬의 극히 일부를 차지하려고 했던

역사 속의 수많은 정복자가 보여준 피의 역사를 생각해보라.

이 작은 섬의 한 모서리에 살던 사람들이

거의 구분할 수 없는 다른 모서리에 살던 사람들에게

보여주었던 잔혹함을 생각해보라.

서로를 얼마나 자주 오해했는지,

서로를 죽이려고 얼마나 애를 써왔는지,

그 증오는 얼마나 깊었는지 모두 생각해보라.


이 작은 섬을 본다면

우리가 우주의 선택된 곳에 있다고 주장하는 자들을

의심할 수밖에 없다.


우리가 사는 이곳은 암흑 속 외로운 얼룩일 뿐이다.


이 광활한 어둠 속의 다른 어딘가에

우리를 구원해줄 무언가가 과연 있을까?

이 사진을 보고도 그런 생각이 들까?

우리의 작은 세계를 찍은 이 사진보다
우리의 오만함을 쉽게 보여주는 것이 존재할까?
이 창백한 푸른 점보다
우리가 아는 유일한 고향을 소중하게 다루고
서로를 따뜻하게 대해야 한다는 책임을
적나라하게 보여주는 것이 있을까?

2013년 카시니 탐사선이 촬영한 지구 사진. 역시 창백한 푸른점이다.

북두칠성 아래에 꼬리를 늘어뜨린 혜성. 마당에서 10초 노출로 촬영했다.

# 스마트폰 카메라로 촬영한
# 니오와이즈 혜성

일곱 개의 별이 국자 모양을 이루는 북두칠성은 눈으로 쉽게 볼 수 있는 별자리 중 일부다.

S9 스마트폰으로 촬영한 북두칠성 아래 지평선 위에서 태양풍과 태양 광압에 꼬리를 늘어뜨린 니오와이즈 혜성이 보인다. 꼬리가 늘어진 반대 방향에 늘 태양이 있음을 기억하자.

이 혜성은 미국항공우주국의 '니오와이즈'(NEO-WISE) 적외선 우주망원경이 2020년 3월에 발견한 것이다. 2020년 7월, 지구와 가장 가까운 곳을 통과한 이 혜성은 그 뒤로 점점 지구에서 멀어지고 있으며 약 6800년이 지나서야 다시 지구 곁을 찾는다고 한다.

참 재미있고 신기한 별 세상이다. 우리 인간 삶에 비교해 보면 엄청나게 긴 세월이지만 138억 년 우주의 역사에 비하면 찰나에 불과하다.

# 목성과 토성의
# 해후

　새벽에 눈을 떠 창밖을 바라보니 목성과 토성이 앞서거니 뒤서거니 하늘에서 경주를 하는 듯.

　태양계 최대의 행성이자 행성계의 질서를 유지시키는 맏형인 목성과 누구라도 한번쯤 봤을 만한 고리 행성 토성은 태양계의 보석이라 불려도 손색없다.

　옛 국립천문대는 강남이 막 개발되던 1970년대 현 강남역인근 언덕의 국기원 자리에 있었다. 당시 국립천문대 옥상의 천체망원경으로 토성을 보았을 때의 그 강렬한 첫인상은 잊을수가 없다.

　'아 이 아름다운 하늘이요, 자연이여.

　내게도 와주셔서 감사하고 감사합니다.'

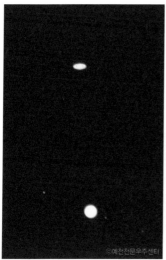

목성과 토성이 이렇게 점점 가까워지는 모습을 보면서 늘 변함없이 보이는 밤하늘의 천체들이 움직인다는 것을 확연히 알 수 있다.

토성의 고리가 보이도록 노출 시간 조정해 촬영한 모습.

1995년 충북 보은에 건립한 구병산천문대.

## 구병산천문대

세상에나 이렇게 아름다운 천문대가 우리나라에 있다니.
아, 누가 만들었는지!

멋진 바위들과 꽃이 어우러진 진입로도 일품이다.

# 오늘도 맞는 아침

꿩, 딱따구리, 뻐꾸기, 까치, 참새, 산비둘기 그리고 이름 모를 새들의 합창을 들으며 선선한 공기를 실컷 마시는 순간 순간들이 그저 감사하다. 이따금 닭도 새라고 끼어든다.

꼬리 흔들며 맞이해주는 나루,
기지개 켜며 야옹대는 방이 놈.

'세상사 힘들다 힘들다, 죽겠다 죽겠다'고 하소연하곤 하지만 큰 틀에선 그저 감사할 뿐이다.

흐리면 흐린 대로,
맑으면 맑은 대로,
비가 오면 비가 오는 대로,
눈이 오면 눈이 오는 대로,
바람 불면 바람 부는 대로,

이 아침의 영광을 누리는 크나큰 축복에 감사드린다.

늘 아침의 영광을 가져다주는 천문대와 동물 친구들. 천문대와 체험관 사이로 까치 떼가 이동 중.

아침을 맞는 예천천문우주센터.

멋지게 우주여행을 하고 싶은 〈한 솔로: 스타워즈 스토리〉의 주인공 한 솔로.
나도 그렇다.

## 스타워즈

나도 이렇게 우주여행을 하고 싶었는데….

# 어린 왕자와
# 비행사

아쉽다. 이 친구들 타고 세상이 좁다 하고 많은 곳을 다녔
는데 한 대는 미국으로, 한 대는 중국으로 매각했다.

때로는 낙뢰를 맞으며,
때로는 폭우를 뚫고,
때로는 구름 속에서,
때로는 구름 위 파란 하늘에서,
때로는 달빛 가득한 밤에….

때로는 별빛 가득한 밤하늘을 날며 저 우주까지 미치도록
날아가고 싶었다.
못 돌아와도 좋으니….

저 예전 페리 형도 이런 생각을 많이 했겠지.
그 후《어린 왕자》가 나왔을 듯.

비행을 마치고 계류장으로.

비행사가 된다면 저 하늘 끝 우주로 향하여.

가엾은 어린 왕자와 철 없는 어른··.

제주공항에 착륙한 천진난만한 승객.

한 삽만 뜨면 섬이 되는
회룡포 1km 상공.

야간 비행을 하며 별을 바라보다.
고요한 하늘에서 지상을 내려다보면 도시의 불빛도 별빛을 닮아 그저 평화로워 보일 뿐이다.

예전엔 어린 왕자를 꿈꾸었는데,

언제부터인가 어린 왕자가 안타깝고 가엾기만 하였다.

《어린 왕자》에 나오는 비행사가 나인 듯, 순수를 꿈꾸었으나 추락할 뿐인….

조금 늙으면 한적한 곳에 멋진 천문대를 짓고 별 보며, 찾아오는 친지들과 손님들에게 별을 보여주고 별을 이야기해야지 하고 꾸던 꿈을 은사이신 이용삼 교수님의 권유로 앞당기게 되었다. 그렇게 2001년 1월 별의 땅 예천에 터를 잡았다.

그러나 지구 위의 모든 삶과 마찬가지로 희노애락을 느끼며 걸어오는 동안 세상 때가 많이 묻었다. 이제 순수했던 시절이 남아 있는 것은 오직 별 하늘을 바라볼 때뿐인 듯하다. 또 다시 꿈을 꾸듯….

## 혜진과
## 영덕 오고 가는 길에


나루와 방이 이야기를 나누다, 나루가 죽으면 유기견을 키우자는 아내 혜진. 난 싫다고 했다.

예전부터 동물이 좋아 수의학과를 갈까 잠시 고민할 때 오빠의 섬뜩한 이야기를 듣고 포기했다는 이야기에 혜진이 수의사가 됐다면 동물들이 정말 좋아했을 거라고 말했다.

지금도 모든 강아지와 고양이가 혜진을 잘 따른다. 또 혜진이 그렇게 정성껏 돌봐주니 동물들이 안 좋아할 수 있을까.

무엇보다 중요한 것은 혜진이 아니면 나처럼 별 보는 것 외에는 잘하는 게 하나도 없는 바보 같은 동물을 누가 거둬 먹이고 사람 구실 비슷하게 하도록 만들었겠냐며 그 자체가 동물 복지, 아동 복지, 사회 복지를 실천하는 훌륭한 교수님이라고 진솔하게 이야기해주었다.

그런데 정말 여러 가지로 단순한 동물에 가까운 나를 사람 구실 비슷하게 하도록 만들었다.

犨God!

영덕 축산항 전경.
헬기로 울릉도를 향해 날아가며.

몽골대사 일행과.

울릉도에서 돌아온 헬기.

울릉도가 한눈에

영덕 헬기장.

## 효자손

넌 어째
찾으면 없냐?

별 쓸모없을 땐 눈에 거슬리고, 발에 치이던 놈이
가려워서 찾으면 없더라.

집사람과 아이가 가출 중이라 없는데,
효자손 너마저 없으니 짜증 난다.

집사람이 와서 찾아주며 목에 걸든지,
스타워즈 광선검처럼 차고 다니란다.

# 나무의 꿈

어디서 불어오는지도 모르는 무기력, 메마름, 허탈함에
뭔가를 하고 싶다는 마음이
꿈틀거리게 한 노래, 〈나무의 꿈〉.

"…여우비 그치고 눈썹달 뜬 밤. 가지  끝 열어 어린새에게
밤하늘을 보여주고. 북두칠성 고래별자리 나무 끝에 쉬어가
곤 했지. 새파란 별똥 누다 가곤 했지….''

〈내 가슴에 달이 있다〉, 〈The Story Night〉,
〈여행〉, 〈여행자의 로망〉 등 가수 '인디언 수니'의 곡들이
간절하게 다가온다.
청승맞게 눈물도 나려 하네.

바다를 건너 울릉도로.

망원경으로 화성을 관찰하며
마냥 신기해함.

팬들과 함께 울릉도 여행.

특수학교인 안동영명학교 운동장에서 학생들을 위한 체험 비행.
순진무구한 이 아이들을 볼 때마다 많은 것을 배우고 느낀다.
이 학교 이사회에서 졸음을 견디느라 사투를 벌였다.

# 징하다

내 평생 네게 시원하게 이겨본 적이 없구나.
언제 어디서고 네 마음대로 찾아와 시비를 거는구나.

밀어내고, 밀쳐내고, 살려달라고, 도와달라고 읍소해도
너는 아랑곳하지 않더구나.

결국 늘 네가 이겼지.
어렵사리 피해 가도 이미 너는 나를 처절하게 괴롭히고
떠난 뒤지.

졸음아.
너 참 징하다.

# 문득
## 마당에서

감기와 이른 저녁 탓에 잠이 들었다 깼다.
텔레비전을 보며 누워 있다 바람을 쐬러 마당으로 나왔다.
감사하게도 늘 반겨주는 별 하늘이건만 또 깜짝 놀란다.

맑은 공기와 별들이 어쩜 해준 것도 없는 나를
이리 반겨주는지.

참 고맙다.

2019년 1월 1일 집 앞마당에서 바라본 천문대와 별 하늘.

# 참 좋은 계절

빈센트 반 고흐의 〈라 크로의 수확 풍경〉을 볼 때마다
늘 집 앞 가을 풍경이 떠오른다.
수확과 추수의 계절, 가을이 오면 사람들이 행복해 보인다.

보기 좋아 행복하고,
수확으로 수입이 생기니 행복하고,
춥지도 덥지도 않아 행복하니 어느 누가 가을을 싫어할까.

가을밤을 걷다가 무심코 하늘을 올려다보면 습기를
싹 닦아낸 별들이 초롱초롱 빛나며 우리 눈을
호강시켜주니 이 또한 행복하지 아니한가!

참 좋은 계절이다.
참 감사한 시간들이다.

**在星을 새겨넣은 달착륙 50주년 펜**
'별에 살며'라는 좋은 이름을 받음에
감사할 뿐.

**보현산천문대**
필자와 20년을 넘게 별 길을 함께 걷는 별 동료 박진규 실장과 함께.

# 별에 살며…

서울 살면 재경在京.

부산 살면 재부在釜.

⋮

별에 사니 재성在星.

별들의 향연이 빠르게 다가오는 즈음.
젊디 젊은 날엔 이렇게 좋은 하늘 날에 관측을 하지 않으면 죄를 짓는 느낌이었다.

# 우주의 기가 모인다는
# '세도나'와 '조슈아 트리 국립공원'


우주의 기가 모인다는 세도나에 세 번째로 찾았다.

처음 방문했던 시절, 어린 효서와 좀 젊은 혜진의 모습은 간데없고, 이제는 어른이 된 효서가 옆에 앉아 있네.

나의 머리엔 하얀 별 가루가 가득 내려앉았고….


효서, 혜진과 이 아름다운 마을을 걷다가 눈에 확 띈 그림.

별 하늘을 응시하는 인디언 여인의 모습.

저 여인의 모습에서 날 느꼈다.

알 듯 말 듯한 그리움과 동경 그리고 외로움.


문이 닫힌 가게 창을 통해 그림을 보는데 중년의 백인 여성이 내실에서 나오더니 창에 붙어 있는 우리를 보고는 닫힌 문을 열어주었다.

7시에 문을 닫는데 우리가 하도 그림을 열심히 보길래 열어주었단다. 위스키 냄새도 살짝 풍기시며 생색을 내셨다.

나바조 인디언 여성을 모델로 한 그 그림이 너무 마음에 들

세도나의 길가 화방에서 나바조 인디언 여인을 발견했다.

어 구입하고 싶었다. 호수가 커서 어디다 걸까 상상도 하며.

약간의 흥정에 화랑 주인이 화가의 아들에게 전화를 걸고 난리다. 나중엔 왜 이 그림을 사려 하냐고 묻길래, "난 별 보는 게 좋아요. 전공도 천문학 했고요" 하며 웃으니 깜짝 놀라한다. 그러곤 자기 남자 친구도 천문학 교수라며 반가워한다.

덕분에 흥정에서 아주머니가 많이 내가 조금 양보해서 그림을 구매하고 하이파이브로 정도 나누었다.

세도나 여정을 마치고 조슈아 트리 국립공원으로 갔다.

독특한 모양의 조슈아 트리로 가득한 공원에는 우리 자연과는 다른 양상의 기암괴석이 놓였고, 즐기는 방식과 레인저들의 순찰 덕인지 매우 조용했다. 자연이 최우선인 모양새다.

별 관찰의 성지라는 조슈아 트리 국립공원에 어둠이 내리고 초승달이 지구조를 거느린 채 멋지게 빛났다. 사방이 트인 초원엔 별빛이 흐르고.

천체 사진 촬영의 성지답게 사진가들이 구석구석에 포진한 뒤 촬영하는 모습이 보였다.

멋진 별 밤이다!

조슈아 트리를 배경으로 밤하늘을 촬영하는 사진사들이 많이 보였다.

조슈아 트리 공원의 아담한 천문대.

조슈아 트리 국립공원에 나타난 지구조와 어우러진 초승달과 하늘 풍경.

세도나의 명물인 종바위.

철분이 많아 화성 표면 처럼 붉은 세도나.

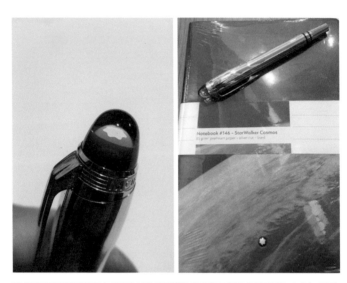

펜 뚜껑 부위의 투명한 구 속의 작은 파란 구와 별은 우주에서 아폴로 우주인들이 바라본 지구와 우주를 상징한다.

# 플라이 미 투 더 문

아내 혜진이 2019년 달 착륙 50주년 기념 펜과 노트를
선물해주었다.
당장 우주로 가지 못하는 아쉬운 내 마음을 알기에….

나도 가고 싶다.
나도 걷고 싶다.

프랭크 시나트라의 〈Fly me to the Moon〉에 나오는
가사처럼

'별과 별 간 동네를.'
'화성과 목성 간 동네를.'

# 스타하우스

2019년 6월 리모델링 준공 및 스타하우스 개장식. 내 유년 시절을 지배했던 영화 〈스타워즈〉 주인공들의 모임이자 봉사 단체인 501군단을 초청했다. 관측실에서 〈스타워즈〉 501군단 출연진들이 망원경을 배경으로 포즈를 취한 모습을 보며 여러 생각이 스친다.

'나도 저렇게 우주로 날아가고 싶었는데.' '저들도 아직 고향 은하로 못 돌아가고 그리움을 표현하는 모양이네.'

나도 우주여행 하고 싶다!

떡 케이크를 스타워즈 광선 검으로 써니 참 맛있네.

감사하게도 먼 길 와 주신
〈스타워즈〉 501군단 출연진

# 몽골의 밤

참 좋은 밤이다.

유목인들의 삶의 애환이 깃든 게르에서 몽골의 한밤을 맞이했다. 보름달이 오고 구름이 와 별은 보이지 않지만 신선하고 차가운 밤공기를 듬뿍 마신다.

미지로 가득 찬 몽골에서 항공과 친환경 성층권 우주여행이라는 새로운 도전을 앞두고 비행장 시설을 돌아보았다. 경비행기를 타고 기류에 흔들리며 한때 세상을 지배했던 몽골의 하늘과 자연을 만끽한 다음 풍성한 만찬을 즐겼다. 배도 부르고 여독 덕에 일찍 잠이 들었다가 한밤중에 깨어 이리저리 뒤척이며 조용히 7080 노래를 듣노라니 꿈 많았던 어린 시절 추억과 여러 가지 생각들이 떠올라 먹먹해졌다.

초등학생 시절 과학책에서 보았던 풍향과 풍속을 잰다며 바람 불던 운동장에 나가 바람의 흐름 속에 온전히 나를 맡기고 혼자 서 있던 기억, 두 개의 돋보기를 도화지에 말아 조잡한 망원경을 만든 다음 달의 분화구를 보았을 때 느꼈던 희

몽골 비행장.

슬로우 라이프, 몽골.

몽골 비행장 후보지 전경.

몽골의 초원을 달려 이륙 준비 중인 항공기

울란바토르 테를지 국립공원 주변 톨 강 상공에서 바라본 몽골의 자연

열, 그 후 제대로 된 망원경이 사고 싶어 수위실에 파견 나온 마을 금고 직원 누나에게 십 원 이십 원씩 저금하며 1년 만에 당시로서는 거금이었던 6600원을 모아 초등학교 4학년 때 산 삼단 접이식 크레이터 망원경, 시장가 중고 책방 좌판에 나온 월간《학생 과학》을 사장님 눈치 보며 뒤적거리다 발견한 한국아마추어천문가협회 회원 모집 광고를 보고 뛸 듯이 기뻤던 시간, 버스를 몇 차례 갈아타고 다니던 아마추어천문회 모임이 끝난 어느 날 밤 내리던 비를 맞으며 지금은 성도 가물가물한 고교생 경희 누나, 친구 태형이와 교복을 입고 버스 정류장까지 거닐던 중학 시절에 대한 그리움, 광활한 우주 세계를 전문가의 영역에서 꺼내어 너무나도 흥미롭고 재미난 글과 TV 시리즈로 선사하며 과학의 대중화를 이끌었던 칼 세이건 박사의 저서《코스모스》를 사기 위해 버스 회수권을 사지 않고 걸으며 몇 달간 돈을 모았고, 당시 3700원이라는 거금으로 지금은 흔적도 없이 사라진 길음시장 건너편 길가 서점에서 책을 샀던 너무나 뿌듯했던 1981년의 기억.

학력고사를 본 후 원하던 천문학과에 갈 수 없음을 직감하며 찾아간 정릉 골목길 간이 포장마차. 거기서 케첩과 설탕을 듬뿍 친 샌드위치를 팔던 구창모를 닮은 휴학생 형이 학력고사 보느라 고생했다며 따라 주던 소주를 마시며 친구들에게 "난 꼭 천문학과에 갈 거야. 그리고 언젠가 우리나라에서 가장 큰 천문대를 만들어 나도 보고 또 내가 좋아하는 별과 우주를 많은 사람에게 보여줄 거야" 하며 큰소리치던 기억들.

그리고 천문학과 시절, 아내를 만나 결혼하고 딸 효서를 낳아 함께한 행복한 기억과 좀 더 잘할 걸 그랬다는 미안함과 후회로 두 번째 찾은 테를지에서 잠 못 이루며, 한없이 슬프고 가여운 마음으로 내가 내게 물었다.

'쿠오바디스'(Quo Vadis, 어디로 가시나이까).

# M42, M43

춥지만 별들의 향연이 멋지게 펼쳐지는 겨울.

어떻게 생겼는지 어디에 있는지 몰라도 누구나 한번쯤은 들어본 이름, 오리온 별자리가 유명하다.

별들의 탄생 지역인 오리온성운(M42, M43)을 망원경과 스마트폰 카메라로 이용해 촬영했다. 참 좋은 과학 기술 시대다.

250mm 반사망원경과 스마트폰으로 촬영한 M42, M43.

©예천천문우주센터

오리온 별자리. 사각형 속에 기울어진 삼태성과 그 아래 작은 소 삼태성이 특징적이며,
육안으로도 소 삼태성의 가운데 뿌연 가스체가 보인다. 이것이 바로 오리온성운이다.

1833년 유성우 그림.

# 페르세우스
## 유성우를 보며

페르세우스 유성우 극대기 부근인 8월 중순 여름밤에 근 3시간 동안 음악을 들으며 여섯 개 정도의 별똥별을 보았다.

음악을 들으며 별 하늘을 보고 있자니 문득 초등학교 3학년 여름 방학 때 엄마 손을 잡고 고향 하동에 갔던 기억이 났다. 버스를 타고 구불구불하고 울퉁불퉁한 비포장 시골길을 달린 우리는 깜깜한 초저녁이 되어서야 노량 마을에 도착했다.

버스의 누런 후미등이 사라진 후 엄마와 나는 집으로 향하는 어두운 길을 걷기 시작했다. 그날 밤하늘에 펼쳐진 수많은 별과 하늘을 가로지르는 선명한 은하수는 조금 과장해 표현하면 밤하늘의 깜깜한 구석을 찾기가 어려울 정도로 만들었다.

그 뒤 1996년 호주에서 그 하늘을 다시 만났다. 자동차를 운전하며 아내와 멜버른으로 향하는 국도의 언덕길을 오르는데 앞을 비추는 헤드라이트 영역 위로 끝없이 펼쳐진 별의 향연은 초등학교 3학년 때의 외갓집 하늘이었다. 집사람도 나도 너무나 감탄해 차를 세우고 경외심을 갖고 바라보았다. 원시인이 된 듯한 느낌이었다. 동굴 속에서 이른 식사를 하고 꿀잠을 자다 한밤중에 소변을 보러 나온 우리 조상들은 눈앞에 펼쳐진 엄청난 별들을 보며 무슨 생각을 했을까? 도시의 불빛도, 자동차의 불빛도 없는 오로지 빛이라고는 하늘의 별빛밖에 없는 그 풍광을 보며….

아, 역시 나는 원시인인 듯. 그저 신비롭고 아름답기만 했다. 저 거대한 공간에 받침대도 없이 둥둥 떠 있는 별 하나하나가 얼마나 막대하게 큰 덩치들인지, 얼마나 빠른 속도로 이 지구가 자전하며 밤과 낮을 만들어내는지 알면서도 그저 신기하고 아름다울 뿐이다.

아쉽게도 이제 그런 원시의 별 하늘이 우리 주위엔 없다. 내 마음속에만 남아 있다. 하지만 내가 사는 이곳 감천 밤하늘에도 도시 사람들이 깜짝 놀랄 정도로 많은 별이 보인다. 은하수가 하늘을 가로지르는 것은 물론이고, 날이 맑은 밤이면 다 헤아릴 수 없을 만큼 많은 별이 아직도 한눈에 들어온다.

순간순간 밤하늘을 환하게 가로지르며 사라지는 별똥별들을 즐겁게 바라보다 문득 여러 뉴스나 SNS 매체에 예보되는 유성우란 이름은 바뀌어야 한다는 생각이 들었다. 물론 최근 지구 궤도 근처를 지나간 혜성은 많은 티끌을 흘려 별똥별의 비 같은 장관을 보여줄 수도 있겠지만, 유성우란 이름 자체로 뭇사람들에게 너무 큰 기대를 갖게 해 결과적으로 실망감을

페르세우스 유성우.
오랜 시간 카메라를 노출 상태로 촬영해야 많은 유성(별똥별)이 사진에 나타난다.

안겨주기 쉽기 때문이다. 혜성이 흘리고 간 티끌이 많지 않은 정기적인 유성우 112개도 최근의 빈도를 조사해 '쌍둥이자리 유성 발현기' 등으로 수정해야 하지 않을까.

1992년 아내가 선물한 별자리 시계

## 30년 된
## 별 시계

아침에 눈을 떠 바라본 시계.

1992년 대학 시절 집사람이 내게 생일 선물로 사준 별자리 시계가 몇 년이 되었는지 산수를 해본다. 30여 년이 흘렀는데 1~2년에 한 번 배터리만 갈아주면 잘 돌아가는 이 시계가 대단하다. 변함없이 나와 효서를 보살펴주는 혜진의 분신인 듯해 더욱 감사하고 짠하다.

저 시계처럼 당분간 고장 없이 부지런히 살아야 하는데….

그래야 덜 미안한데.

# 가을밤의 감사

선선한 가을밤, 하늘을 올려다보면 너무나 예쁜 별들의 향연이 펼쳐지고 있다.

아직 쉬 넘어가지 않은 은하수, 밝은 견우와 직녀, 동녘을 바라보면 육안으로도 선명하게 보이는 황소자리의 일곱 공주 플레이아데스성단 등에 감탄이 절로 나온다.

감사합니다.

이렇게 아름다운 별 하늘 아래 살아 있음에,

감사할 수 있음에….

©예천천문우주센터

비행기도 눈인사하듯 양 날개에서 등을 깜박거리며 가을바람을 타고 간다.

# 나는 날마다
# 우주여행을 한다

구름이 없는 맑은 밤, 천문대의 어두운 제어실에서 머나먼 우주, 영원의 저편에 존재하는 은하 세계를 향해 있는 커다란 망원경의 검출기에서 보내오는 일련의 사진 자료를 응시한다. 사진 속에 담긴 별과 은하의 크기와 그 속세상을 머릿속에 떠올리면서 서서히 드넓은 우주에 취해간다.

어느덧 천문대는 밤하늘로 둥둥 떠올라 별과 별 사이, 은하와 은하 사이를 여행하는 우주선이 되고 나는 조정실에 앉아 고요한 우주를 항해하며 나만의 별천지, 무릉도원을 즐긴다.

2005년 3월 11일 밤 10시 30분경, 놀라운 광경을 목격한 나와 동료는 동시에 모니터 앞으로 바싹 다가가 앉았다. 죽어가는 거대한 별의 폭발인 초신성을 검출하기 위해 망원경과 천체 관측용 CCD 카메라로 머나먼 별들의 국가 NGC(성운 성단 목록, New General Catalogue)2748 은하를 촬영하던 중 작고 희미한 은하에 초신성처럼 보이는 현상이 나타났던 것이다.

아마도 천체 관측용 카메라의 센서 부분이 우주선(Cosmic

별이 총총 떠 있는 밤하늘– 우주를 향한 망원경과 포즈를 취한 동료들.

rays, 태양이나 은하, 초신성 등에서 날아오는 고에너지 입자와 방사선)을 감지해 초신성 현상처럼 밝게 나타났나 보다. 진귀한 모습을 볼 수 있었는데 안타까웠다.

초신성 탐색은 일반적으로 은하를 촬영한 다음 이를 기존 자료와 비교해 새로운 현상이 나타났는가를 조사하는 방식으로 진행된다. 태양보다 훨씬 더 크고 무거운 별만이 보여주는 초신성 현상은 은하 세계에서도 드문 일이다.

초신성 폭발은 수많은 별이 사는 하나의 은하에서도 몇백 년에 한 번 나타날 정도로 검출 빈도가 낮지만, 약 1100억 개에 달하는 것으로 추산되는 여러 형태의 은하 중 가능성 있는

(상)NGC 2748 은하에 나타난 가짜 초신성.

(하)우리은하에서 터진 초신성.
　　1054년 황소자리에서 폭발하여 우주 공간
　　으로 퍼지는 게성운(M1)

(상)사자자리 은하단을 구성하는 1천여 개 은하
　　중 일부.
(하)M51 부자은하.
　　꼬리처럼 보이는 나선팔에 붙어 있는 듯한
　　작은 은하가 아래의 큰 은하와 합병되고 있다.

은하를 관찰해 1년에 수천 개에 달하는 초신성 폭발을 세계 각국의 천문대에서 검출하고 있다. 어렵사리 발견한 초신성을 관찰하면 별의 진화 과정과 머나먼 은하까지의 거리를 비교적 정확하게 알 수 있는 등 유용한 자료로 쓰인다.

이따금 사람들에게 '밤하늘과 우주를 바라보고 살면 아무 걱정 없겠다, 좋겠다'는 이야기를 듣곤 한다. 우주도 관측하고, 천문대를 찾는 관람객들과 우주의 즐거움을 공유하는 생활이 행복하고 감사하지만 천문대를 내려와 사무실로 돌아오면 나 역시 여러 가지 일로 선택과 고민을 해야 하는 일상에서 허우적대며 살아간다.

망원경 앞에서 잠시 망중한.

감사합니다.

이렇게 아름다운 별 하늘 아래 살아 있음에.

감사할 수 있음에….

# 백두 스튜디오

친구들과 일본 다녀오는 효서 덕에 혼밥, 혼영 체험을 했다. 늙었는지 요즘 트렌드에 기대어 그런지 혼자 있는 게 그다지 어색하지 않네. 지금보다 더 젊었을 땐 혼자 밥 먹으니 굶었는데…. 영화는 생각도 못 했고.

아내는 옛 직장 동료와 저녁 식사를 하러 갔고, 공항으로 딸아이 마중 가기 전 시간 여유가 있어 오랜만에 모교인 충북대학교를 가보기로 했다.

학교로 향하는 길, 불이 켜진 백두 스튜디오를 발견했다. 천문학과 시절 천체 사진 촬영 후 뻔질나게 드나들던 단골집, 어두운 별의 특성을 이해하고 그에 맞춰 현상하고 인화해주던 사진관. 또 학생들 주머니 사정 생각해서 가격도 깎아주시던 내외분이 계시던 곳. 반가운 마음에 노크하고 들어가 만난 사모님은 참 곱게도 늙으셨네. 사장님은 몸이 불편하여 휠체어를 타시느라 이제 가게는 나오지 않는다고 말씀하셨다. 사모님이 전화를 걸어 사장님을 바꿔주셨다. 반갑게 인사하고 예천에 꼭 바람 쐬러 오시라고 마음을 전했다.

# 독도로 가는
# 하늘길

김포에서 손님들 모시고 울릉도 지나 독도로 가는 하늘길.

정말 놀라운 독도, 지난 2015년 시험 비행차 처음 독도를 하늘에서 마주한 순간, 예전 뉴욕 현대미술관(MOMA)에서 반 고흐의 〈별이 빛나는 밤〉(Starry Night) 원본 그림을 보고 '이렇게 큰 그림이었어, 이렇게 붓 터치가 생생했어' 하며 깜짝 놀랐을 때와 백두산에 처음 갔을 때 그 웅장함과 아름다움에 망치로 얻어맞던 느낌 그대로였다!

소중한 우리 땅이자,

정말 놀라운 장관!

위대한 작품!

©예천천문우주센터

우리 국토의 영역을 엄청나게 넓혀주는
소중하고 당당하고 아름다운 독도.
언젠가 독도에서 하룻밤 지새우며 별 보는 날을 염원하며….

2015년 독도 시험 비행을 마치고 주기장으로 들어오는 8인승 제트기.

독도에 착륙한 헬기.

독도 상공에서.

두 대의 헬기로 울릉도 상공 편대 비행 중.

# 1990 오리온성운

1990년 천체 사진 촬영법 과제인 오리온성운을 찍기 위해 상당산성으로 향했다.

겨울철의 대표적인 별자리인 오리온자리에는 별들이 탄생하는 지역인 오리온성운이 육안으로도 희미하게 보인다. 그날은 유난히도 혹독한 추위가 찾아왔다. 우리는 덜덜 떨면서 천체 추적 장비인 적도의의 극축을 맞추고, 500mm 망원렌즈와 필름 카메라를 어댑터로 연결하고, 십자선에 목표물이 제대로 있는지를 확인하며 20분 동안 노출시켜 한 컷을 얻었다.

로그북(logbook)은 어디 가고 없지만 기억은 생생한 젊은 날의 행복한 추억들.

항해 일지라는 뜻의 로그북은 별과 별 사이 우주를 여행하는 천문학도들의 관측 기록이다. 요즘은 천문학 로그북 대신 운항 관리사가 항공기가 뜨고 내리는 과정과 조종사, 정비사의 정보를 기록한 항공 로그북(운항일지)을 매일 결재 서류에 첨부해 보내오는 것을 읽어 본다.

1990년에 촬영한 오리온성운.

# 첫사랑

꿈에서 그녀를 만났다.
정말 생생하게.

여전히 안경을 낀 그녀.
지금은 나이를 가리려는 듯 테가 두툼한 패션 선글라스다.
아직은 미혼이라는 그녀, 여전히 키가 크다.
164센티미터였던 그녀가 굽이 통통한 힐을 신어서 나보다
조금 더 크다.

분주한 도심에서 군중 속을 걷다 처음엔 그냥 지나쳤지만
혹시 그녀가 아닐까 싶어 돌아서는데 그녀가 고개를 갸우
뚱거리며 다가오다 나를 보며 환하게 웃는다.
'재성이 맞지, 민진이 맞지, 얼굴이 남아 있다' 등 우리는
자연스럽게 두 손을 맞잡고 이야기를 나누었다.

그러고는 거리를 걸으며, 이야기를 나누며 군중 속으로 사라져갔다.

1985년 헤어지던 그날의 종로 2가,

이슬비 내리는 거리를 놓칠까 손을 꼭 잡고 걷던….

이 글을 쓰며 살며시 눈시울이 뜨거워진다.

반가움에…, 그리움에….

영화처럼…, 영원처럼….

그녀에게 주었던 액자 속 플레이아데스성단은 내 추억 속에만 영원히 존재할 듯하다.

2021년 2월.

황소자리 산개성단. 플레이아데스
그리스 신화에서 하늘을 떠받치고 있는 신 아틀라스가 낳은 일곱 자매라 한다.

# 한국아마추어천문가클럽

1972년 한국아마추어천문가클럽 탄생 기사를 보았다.

참 오래된 세월이다.

필자는 1978년 회원이 되었다. 추억의 회보다.

세계의 아마튜어에 대하여 강연하고 있는 조경철 박사

# 한국 아마튜어
# 천문가클럽 탄생

양인기 (중앙관상대장, 이박)
유경노 (서울대 사범대 교수, 이박)
이은성 (인하대 교수, 이박)
이철주 (연세대 교수, 이박)
조경철 (연세대 교수, 이박)
현정준 (서울대 교수, 이박)
홍종인 (언론인)

## 임원 명단

회장 남궁호 (과학세계사 사장)
부회장 서광운 (한국일보 특집부장)
총무간사 지기운 (과학세계사 주간)
사업간사 이권삼 (어린이 회관 천체과학관실)
감사 박원서 (국제합동법률사무소 변호사)

**한국아마추어천문가클럽 탄생 창립 기사.**

생전의 조경철 박사님을 모시고 충북 보은에 다녀올 일이 있었다. 자동차를 좋아하시던 박사님은 내게 기어코 운전대를 빼앗아 구불구불 오르막 내리막의 피반령을 얼마나 세차게 휘어 감으시면서 달렸던지 손잡이를 잡은 내 손에 땀이 흥건했다.

185

초등학교 시절 흠뻑 빠졌던
故김기백 화백의 꼬마 우주인 시리즈 중 〈고달픈 우주 탐험〉.

# 고달픈 우주 탐험

오늘은 혼자 또 멀리 출장을 떠난다. 늘 꿈꾸고 가고자 하는 우주여행 길이 고달프다고 생각했는데, 요즘은 인생 여정 자체가 우주여행인 듯 힘겹게 느껴진다. 그래도 내가 갈 길이니….

故김기백 화백이 예천천문우주센터를 방문하셨을 때.

故김기백 화백을 모시고 헬기로 소백산천문대를 다녀왔다.

칠레 CTIO 천문대 야경. 광원은 오로지 별과 은하수뿐이다.

# 성공(成功)과 성공(星空)

성공(成功)들 하세요.

나도 성공(星空)이 좋다!

# 베린저 크레이터

2006년, 애리조나 사막의 베린저 운석 충돌 분화구(Crater)를 방문했다. 운석 충돌 분화구는 혜성체나 유성체가 다른 천체의 표면과 충돌하거나 충돌 직전에 폭발하며 생긴 구덩이를 뜻한다. 지구 최초로 운석 충돌 분화구라고 인정받은 베린저 충돌 분화구는 약 4만 9000년 전 50미터 정도 크기의 운석이 폭발하며 생긴 폭 1.2킬로미터, 깊이 180미터의 엄청난 구덩이다.

숫자로 표현되는 것보다 실제로 마주친 충돌 분화구는 어마어마하게 위력적인 폭탄이 터져 형성된 계곡처럼 깊고 컸다. 현재 지구에 남아 있는 충돌 분화구는 비교적 최근에 생성된 것이거나, 안정된 대륙판에 존재하는 200여 개뿐이다. 이에 비해 지구보다 작은 달에는 공기, 물, 지질 활동(화산, 지진)이 없어 수십 억 년 전에 생성된 무수한 분화구가 거의 원형 상태를 유지하며 남아 있다.

베린저 분화구로 가는 외통수 길은 사막을 가로질러 갔다

하늘에서 본 베린저 크레이터.

가 다시 돌아 나와야 하는 외롭지만 아주 인상적인 길이며 화성 표면처럼 메마르고 붉은 풍광이었다. 휘어진 도로와 마주치는 나지막한 산이 운석 폭발로 융기한 산이며, 코멧(Comet, 혜성)이라는 이름의 차를 빌려 타고 다녀왔다.

베린저 크레이터로 가는 외통수 길.
지평선에 살짝 융기한 산이 운석 폭발 여파로 생긴 크레이터의 외벽.

베린저 크레이터를 배경으로.

XCOR 우주선 계약식

# 우주여행을 위한
# 첫 단추를 끼다

2009년 12월 18일 우주여행을 위한 긴 여정의 신호탄을 쏘았다. XCOR사 그리슨 회장과 앤드루 넬슨 부사장이 참가한 민간 유인 우주선 계약 체결식(Binding MOU)을 진행했다.

첫 단추를 끼었으니 이제 우주까지 비상해야겠다.

2009년 12월 부산항공청, XCOR와 함께한 워크숍.

2009년 당시 김수남 예천군수 방문.

가자 우주로!

하지만 XCOR사는 2013년 부도가 나서 사라졌다.

계약금도 우주로 날아갔다.

이제 우리 스스로 친환경 성층권 우주여행 프로젝트를 진행하고 있다.

## 내 마음의 블루 스크린,
## 하늘!

모진 바람 불어댄 하루. 계획했던 일도 연기되고 답답하다.
멀리서 오신 손님과 휴게실 밖에서 대화하다 바라본
스페이스 타워는
구름 한 점 없는 파란 하늘을 배경으로 서 있구나.
블루 스크린을 배경으로 서 있구나.

꿈도
사랑도
희망도
과거와 현재, 미래도
맘껏 그리고 표현할 수 있는
내 마음의 블루 스크린, 하늘.

내게도 꿈이 남아 있을까?
오늘은 많은 그리움과 꿈을 그려본다.

스페이스 타워 배경의 블루 스크린 하늘.

블루 스크린을 향해 이륙 중인 헬기.

뉴멕시코 화이트 샌즈, 지구가 아닌 다른 행성에 온 듯한 느낌

# 삶이
# 바람과 같더라


2010년 11월, 모하비 우주 공항에서 회의를 마치고 돌아왔을 때다. 이른 아침 집에 들어서며 굉장히 춥고 썰렁할 것이라고 생각했는데 막상 문을 여니 온기가 느껴졌다. 아마도 먼 길을 다녀온 나를 보며 환하게 웃으시는 영정 속 아버지의 따스함 때문이었으리라. 이 글을 쓰는데 눈물이 돈다.

잠시 쉬었다 사무실로 나가 이런저런 밀린 일을 처리하고 행사 참석을 마친 뒤 피곤한 상태로 집에 들어간 나는, 여권과 서류를 정리하려고 서랍을 열었다 딸아이 효서의 옛 사진들을 발견했다.

갓난아이 때 목욕시키던 모습, 청주와 보은을 잇는 피반령 고갯길에서 세 살 먹은 효서를 한 팔로 껴안고 아내 혜진에게 손 흔드는 모습, 효서를 목에 태워 에버랜드를 누비며 꽃도 구경하고 퍼레이드를 보던 모습, 동해 갯바위에서 아빠에게 의지한 채 미역을 뜯는 효서, 일본 후쿠오카 스페이스 센터 체험 기기에 오르기 위해 대기하며 씩씩하고 밝게 웃는 모

모하비우주공항에서 XCOR그리슨 회장과.

비행 소녀.

아버지가 천문학자라는 파일럿과
그랜드 캐니언을 비행한 뒤.

후쿠오카 스페이스센터.

별의 일주운동. 지구가 자전하고 있다는 간접 증거다. 8시간 노출 촬영.

별도 바람처럼 유유히 흐른다.

습, 다 컸지만 여전히 다정하게 뉴멕시코주 화이트 샌즈 사막에서 아빠 등에 업혀 웃는 모습….

효서를 전적으로 돌봐주던 이 아름답고 행복한 시간이 너무나 빠르게 지나갔다. 바람처럼 나를 스쳐 간 효서의 어린 시절을 생각하니 눈앞이 흐려졌다.

그러다 또 문득 아버지가 떠올랐다.

'아버지, 아버지도 이승과의 연을 놓으실 때 어머니와 자식들 생각에 한 줄기 여린 눈물이 흐르셨던 것이군요. 못다 주신 사랑이 아쉽고 미안하셨나요. 죄송합니다. 생전에 그 사랑을 다 알지 못하고, 떠나신 후 점점 느껴지는 아버지의 사랑에 그저 눈물 짓고 용서를 구할 뿐입니다.'

고은 시인의 〈그 꽃〉이 스쳐간다.

2010년 3월. 생전에 아버지를 모시고 벚꽃이 만개한 고향 하동 상공.

# 아침 칭찬

간밤에 《별주부전》의 주무대인 용궁에서 용왕님(예천 용궁면장 별칭)과 소주잔을 기울였다. 오랜만에 만나 지난 세월을 이야기하며 예천에서 뿌리를 내리고 안착할 수 있게 도와주셨음에 다시 한번 감사드렸다.

이런저런 이야기 속에 가슴에 확 와 닿는 좋은 말씀을 들려줘 술이 일순 깨었다.

항상 출근하는 길에 생각을 하신단다. '오늘 아침은 누구를 칭찬해줄까' 하고.

참 멋지다.

오늘 아침엔 좋은 사람들 덕에 힐링도 하고 나도 좋은 생각에 빠져본다.

퇴임 무렵 용왕님 팬클럽과.

별주부전의 주무대인 용궁 거주 절친 조현동 님과.

## Almost there

'You are almost there.'

오늘 아침에 받은 화성 여행 추진 회사 이메일의 제목이다.
내가 꿈꾸던 저 하늘까지 거의 다 온 것일까?

그렇지 못하겠지.
그저 마음만 하늘에 닿아 있다.

## THE NEXT GIANT LEAP FOR MANKIND

봉이 김선달 같은 Mars1. 때로는 부럽기도 하다.

백두산 천지, 화산 분화구에 생긴 칼데라호

# 백두산,
# 민족의 명산이 아니라 그냥 명산입니다

백두산. 꼭 우리 민족만의 명산이 아니라 세계의 명산이라
고 칭해도 전혀 부족함이 없다. 끝없이 펼쳐진 아름다운 산자
락의 위용이 대단하다.

장관 중 장관이다. 한민족의 건국신화가 나오고도 남을 듯한 웅장함.

천지에서 내려오는 폭포

　실제로 마주한 백두산은 한 민족의 건국 신화가 나올 만큼 웅장했다. 작디작은 나라라고 생각했던 한반도에 이리도 엄청난 산이 있었음에 감탄하고 또 의아했다. 이렇게 웅장하다는 것을 왜 지금껏 모르고 있었는지….

한여름에도 서늘한 바람이 분다. 야생화도 왜 그리 예쁜지.

그동안 여러 명산을 다녔다. 하와이 마우나케아산, 알프스 산맥, 마운트 쿡 등을 다니며 4000미터 봉우리도 많이 올랐으나 백두산이 으뜸이다.

으뜸 산 백두산에서 별도 보고 촬영도 하는 그날을 기대하며….

맺음말 　　　 오늘도 별을 향해

　순수를 꿈꾸었으나 살아오면서 세상의 때가 너무나 많이 묻었습니다. 어떨 때는 탈탈 털어내고 싶어 몸부림치고 후회의 눈물도 많이 흘렸습니다. 그저 앞으로의 삶은 더 많은 사람과 별 꿈을 공유하기를 기원할 뿐입니다.

　저의 삶은 큰 틀에서 늘 감사가 넘치고 행복한 삶이라 이야기합니다. 촌에서 태어나 별, 우주라는 꿈을 꿀 수 있게 해주시고 또 그 세계의 입구로 안내해주신 초등학교 교사셨던 아버지와 인조(인공) 위성을 알려주신 어머니 덕에 좌충우돌, 비틀거리며 별을 향해 걸어왔고 또 지금도 걷고 있습니다. 게다가 정말 놀라운 일은 제 이름을 별에 산다는 뜻의 재성(在星)이라고 지어주셨다는 것이죠! 감사할 뿐입니다.

　돌아보면 아득합니다. 초등학교 시절부터 아마추어천문가협회 활동을 하며 별을 따라 다녔고 천문학을 전공했습니다. 좋아하던 별 보는 일이 직업이 되면서 큰 기쁨과 보람도 얻었지만 세상, 경영이라는 생소한 해일을 맞아 휩쓸려 사라질 위기도 많았습니다. 또 우주에 가고 싶다는 희망으로 항공법을 들여다보며 조그만 항공사를 만들고 다시금 온몸으로 경영 위기라는 엄청난 파도를 맞았습니다. 생각해보면 무모함의 연속이었습니다.

이따금 주변에서 과거로 돌아가면 언제로 가고 싶냐, 무슨 일을 하고 싶냐는 이야기를 듣곤 합니다. 저는 답합니다. 절대 돌아가고 싶지 않다고. 그리운 시절은 있지만 추억으로 족하다, 다음 세상에도 태어나고 싶지 않다, 한 번으로 족하다, 때로는 돌아보기조차 두려운 까마득한 길이지만 충분히 행복했고 감사하다고….

세상이 어렵다고 툴툴대면서 또다시 '친환경 성층권 우주여행 프로젝트'를 진행하는 저 자신이 두렵습니다. 무한 도전이 될지 무모한 도전이 될지 정확한 결과를 예측할 수 없으나 가보려 합니다.

이렇게 좌충우돌하면서도 머리에 별 가루가 허옇게 내려앉은 이 순간까지도 걸어오고 또 걷게 만드는 흥미롭고 놀라운 '별 세상', 우주를 많은 사람에게 소개하고 별 꿈을 공유하고 싶은 마음에 감히 졸필을 내놓습니다.

지쳐서 별을 향한 끈을 놓고 싶을 때 격려하고 도와주신 분들이 가족과 천문대, 항공사 동료들 외에도 참 많습니다. 어렸을 적 만난 동료들이 순수하고 좋다고 하지요. 맞습니다.

그런데 살아가다 보니 사회에서 만난 동료들이 어찌 보면 더 많은 시간을 보내고 또 함께 살아가는 동반자들입니다. 나이가 적어도, 많아도 또 같아도 생의 동반자가 되더군요.

이용삼, 김수남, 이기성, 도기욱, 조윤, 신찬식, 조상현, 이정균, 한인섭, 김기현, 조성태, 김갑성, 안기두, 최진호, 이현준, 김도호, 장영배, 이용수, 변창호, 권용수, 안영교, 김종웅, 박치선, 김기한, 남기진, 오기수, 홍순돈, 최재혁, 김학동…. 떠올리면 참 좋은 동반자가 너무 많습니다. 다 새겨 넣지 못함이 아쉽고 죄송스럽습니다. 하늘에 별자리를 만들어드려도 모자람이 없는 사람들입니다.

《만인보》는 쓰지 못해도 하늘에 떠 있는 88개의 별자리 대신 제 생의 동반자들로 만든 새로운 '88 별자리'를 만들어 선사하겠다는 다짐으로 가족, 임직원과 동료들에게 감사의 인사를 전합니다.

# 나는 날마다 우주여행을 한다

**1판 1쇄 발행**  2021년 4월 26일

**지은이** ㅣ 조재성
**발행인** ㅣ 이삼영
**발행처** ㅣ 별

**출판등록** ㅣ 제 2016-000148호
**주  소** ㅣ 경기도 고양시 덕양구 고양대로 1393, 2층 (성사동)
**전  화** ㅣ 070-7655-5949    **팩  스** ㅣ 070-7614-3657

**ISBN 979-11-89998-44-8 (03440)**